“一带一路”下的海洋文化发展

许元森◎著

中国纺织出版社

图书在版编目（CIP）数据

“一带一路”下的海洋文化发展 / 许元森著. -- 北京 : 中国纺织出版社, 2019.4

ISBN 978-7-5180-4686-7

Ⅰ. ①一… Ⅱ. ①许… Ⅲ. ①海洋－文化研究－中国 Ⅳ. ①P7-05

中国版本图书馆CIP数据核字(2018)第025419号

策划编辑：郭　婷　　**责任印制**：储志伟

中国纺织出版社出版发行
地　　址：北京市朝阳区百子湾东里A407号楼　**邮政编码**：100124
销售电话：010-67004422　**传真**：010-87155801
http://www.c-textilep.com
E-mail：faxing@c-textilep.com
中国纺织出版社天猫旗舰店
官方微博http://weibo.com/2119887771
北京虎彩文化传播有限公司印刷　各地新华书店经销
2019年4月第1版第1次印刷
开　　本：880×1230　1/32　**印张**：6.25
字　　数：150千字　**定价**：49.00元

前 言

QIANYAN

"一带一路"指"丝绸之路经济带"和"21世纪海上丝绸之路"，是中国为推动经济全球化深入发展而提出的国际区域经济合作新模式。其核心目标是促进经济要素有序自由流动、资源高效配置和市场深度融合，推动开展更大范围、更高水平、更深层次的区域合作，共同打造开放、包容、均衡、普惠的区域经济合作架构。"一带一路"框架包含了与以往经济全球化完全不同的理念，即"和平合作、开放包容、互学互鉴、互利共赢"，这正是丝绸之路文化内涵的体现。我国确立了海洋强国的战略目标，为了实现这一宏伟目标，需要大力发展各项海洋事业，提升海洋综合国力，海洋文化作为海洋综合国力的重要组成部分以及影响海洋国家竞争的关键因素，其发展理应得到足够的重视。在"一带一路"倡议的推动下，我国社会主义的各项建设和各方面发展以及参与国际竞争都需要海洋文化的发展。我国的海洋文化产业主要涉及滨海旅游业、涉海休闲渔业、涉海休闲体育业、涉海庆典会展业、涉海历史文化和民俗文化业、涉海工艺品业、涉海对策研究与新闻业、涉海艺术业。在海洋文化产业加快发展的同时，我们也应看到其不足，充分发挥市场经济的作用，并辅以政策支持，提高认识，政策保障、公益优先，经济协同、重视传承，大胆创新、注重共性，打造个性、高雅为轴，通俗为脉、塑造品牌，立足长远，促进我国海洋文化产业健康快速地发展。发展海洋文化产业，是挖掘、传承、弘扬中华优秀海洋文化的重要举措，是建设海洋文化强国、海洋强国的重要途径。同时要注重海洋文化产业与绿色环保之间的关系。在当前国家实施创新驱动绿色发展战略下，探析海洋文化产业在创新驱动绿色发展中的作用具有十分重要的意义。在海洋强国战略背景下，依托于海洋经济、海洋科技的发展，在促进海洋综合开发利用理念、手段，推动海洋开发利用生态转型上起着重要的促进作用。作为海洋大省的辽宁，培育和发展海洋文化产业是建设海洋经济强省的客观需要。近年来，辽宁沿海六市深入挖掘和整合丰富多彩的海洋文化资源，将继承和创新融合在一起，发挥特色优势，注重品牌的力量，繁荣海洋文化发展，着力发展海洋文化产业，努力实现海洋文化与海洋经济相互融合、相互促进，取得了令人瞩目的成就。但与海洋文化产业发达的省份相比，辽宁海洋文化产业存在着产业链不完善，产业发展不均衡、缺乏创新意识，海洋文化产品雷同，无序竞争严重、海洋文化企业规模较小，没有形成海洋文化产业集群、海洋生态环境遭到破坏等问题。通过对我国海洋文化发展的介绍与剖析，有针对性地对辽宁海洋文化产业的发展提出一些可行性的建议，希望乘着“一带一路”倡议的东风，我国的海洋强国梦能够早日实现。本书在撰写的过程中，吸收了部分专家、学者的一些研究成果和著述内容，笔者在此表示衷心的感谢。由于笔者水平有限，书中难免会有缺点和错误，恳请广大读者批评指正！

本书依托项目辽宁省教育厅人文社科课题：“辽宁海洋文化发展在‘一带一路’建设中的定位与发展研究”。

目　录

MULU

第一章 “一带一路”倡议的提出

第一节 “一带一路”倡议的科学内涵与科学问题

2015年3月27日在海南博鳌亚洲论坛上，中国国家发展改革委、外交部和商务部联合发布了《推动共建丝绸之路经济带和21世纪海上丝绸之路的愿景与行动》（以下简称《愿景与行动》）。这标志着对中国发展将产生历史性影响的“一带一路”倡议进入全面推进建设阶段。如果说改革开放前30多年中国以积极“引进来”的方式深入参与了经济全球化的进程，那么共建“一带一路”则标志着以中国“走出去”为鲜明特征的全球化新阶段的到来。自习近平主席2013年9月7日在哈萨克斯坦提出共建“丝绸之路经济带”以及同年10月3日在印度尼西亚提出共同打造“21世纪海上丝绸之路”以来，国内外各界，包括学术界一直十分关注“一带一路”这个倡议。由于中国政府还没有出台官方文件来阐述这个倡议，大众对于“一带一路”的理解或多或少带有猜想的色彩。《愿景与行动》的公布使“一带一路”倡议变得公开、透明。同时，这也让科学解读这个倡议以及认识其带来的科学问题成为可能。根据《愿景与行动》，“一带一路”旨在促进经济要素有序自由流动、资源高效配置和市场深度融合，推动开展更大范围、更高水平、更深层次的区域合作，共同打造开放、包容、均衡、普惠的区域经济合作架构。这充分表明，目前中国极其期望在顺应当前全世界的发展机制和趋势的前提下更为深入地更加主动地融入全球经济体系之中，作为世界上第二大经济体在全球经济一体化的过程中发挥更加积极的作用。但是，"一带一路"框架包含了与以往经济全球化完全不同的理念，即"和平合作、开放包容、互学互鉴、互利共赢"，而且强调了"共商、共建、共享"的原则。总体上"一带一路"倡议可以简单地用"一个核心理念"（和平、合作、发展、共赢）、"五个合作重点"（政策沟通、设施联通、贸易畅通、资金融通、民心相通）和"三个共同体"（利益共同体、命运共同体、责任共同体）来表达。"一带一路"倡议并非偶然之举，而是世界经济格局变化和经济全球化发展的必然结果。其中所包含的科学内涵和所涉及的科学问题，亟须学术界来回答。

一、丝绸之路的文化内涵

"丝绸之路经济带"和"21 世纪海上丝绸之路"都使用了"丝绸之路"这个词汇。但是，"一带一路"并不是要重建历史时期的国际贸易路线。显然，"一带一路"使用的是"丝绸之路"的文化内涵，即和平、友谊、交往、繁荣，这就是《愿景与行动》倡导的核心理念。当今世界经济的突出特征是各国间经济的深度融合和发达的贸易体系。人们如此熟悉当今的贸易，以至于经常忘记古代曾经存在着相当发达的贸易。事实上，远在春秋战国时期（甚至是商周时期），古代中国就与欧亚大陆其他国家存在贸易活动。自汉之后，这种贸易活动逐步变成由官方主导，甚至垄断，规模和范围不断扩大，鼎盛时期遍及欧亚大陆，甚至包括北非和东非。德国地理学家李希霍芬 1877 年在《中国：我的旅行成果》一书中将上述跨国贸易的交流称为"丝绸之路"。李氏所用"丝绸之路"仅指自中原经河西走廊和塔里木盆地到中亚和地中海的贸易路线。因为自从汉朝到唐朝这条贸易路线上交易的大宗商品是丝绸，故命名为“丝绸之路”。于是乎，这个极具历史文化蕴含的词语便被世人广泛运用，同时也得到了进一步的拓展。历史悠久的“南方茶路”和北方草原贸易路线，以及自宋、元开始的海上贸易路线，很多时候也被称为“丝绸之路”。当然，贸易产品并非丝绸一种，不同历史时期主导贸易产品不同。海上丝绸之路贸易产品在宋、元、明时期除了丝绸以外，还有茶叶、瓷器和香料。另外，“丝绸之路”不仅仅是古代贸易的代名词，而且也是历史上中国与欧亚大陆各国文化交流的“符号”。伴随着商品贸易和人员的交流，丝绸之路沿线各国的文化相互借鉴，因此产生了灿烂的文明。过去，对于“丝绸之路”的讨论和关注仅是局限在史学界、文物学界等，并不具有功利色彩。但是，自“一带一路”倡议提出以来，各地兴起了挖掘“丝绸之路”历史和文化遗迹的热潮，以期确立自己在“一带一路”中的地位。尽管不能完全否认这种“借古谋今”做法的意义，但这显然误解了“一带一路”倡议使用“丝绸之路”的内在含义。历史上，丝绸之路的具体线路和空间走向随着地理环境变化、经济发展状态以及政治和宗教的演变而不断变化着。今日我们所要勾勒的“丝绸之路”是将数千年历史置于当前一刻观察而产生的图景，因而从语意上讲“丝绸之路”不能被理解为具有固定线路的空间现象。换句话说，“丝绸之路”对于当今社会而言并非是一种带有强烈具象的空间现象，而是一种抽象意义的文化符号。另外，历史上“丝绸之路”主要存在于和平时期（战乱时往往中断），而且商品和文化的交流带来了共同繁荣，因此我们可以把这个文化符号的内涵归结为和平、友谊、交往和繁荣。从这个角度看，中国政府借用“丝绸之路”这个文化符号向世界传递了一种理念，这就是“和平、合作、发展、共赢”。

二、“一带一路”与经济全球化

从《愿景与行动》可以看出，共建“一带一路”并非是“另起炉灶”，而是“致力于维护全球自由贸易体系和开放型世界经济”。在当今世界格局调整和经济全球化的背景下，“一带一路”倡议的提出是推动经济全球化深入发展的一个重要框架。但是，它也不是简单地延续以往的经济全球化，而是全球化的一种新的表现形式，其最突出的特征是融入了“丝绸之路”的文化内涵。简单地讲，“一带一路”是包容性全球化的表现，没有脱离经济全球化的基本机制，即投资和贸易自由化。众所周知，经济全球化的出现和发展与新自由主义的流行密不可分。以20世纪70年代的两次世界石油危机为标志，西方发达国家结束了“第二次世界大战”后长达20多年的繁荣期，陷入了严重的“滞涨”。为了摆脱困境，一方面英、美等国纷纷放弃“凯恩斯国家福利主义”政策，开出减少政府对经济过多干预和进行经济全面私有化的新自由主义“药方”；另一方面开始大规模输出资本和向海外转移产业，主张一切产业都无须保护，实行外向型的出口导向战略。为了满足资本输出的需要，西方国家将新自由主义奉为推行投资和贸易自由化的理论依据。其典型事件是美国主导的、为拉美国家和东欧转型国家开出的“药方”，即“华盛顿共识”。其核心是贸易经济自由化、完全的市场机制和全盘私有化。然而被“华盛顿共识”治疗的国家中几乎没有成功摆脱增长困境的，但是将政府干预同市场有机结合的中国却实现了经济的腾飞。可以这样说，以新自由主义思潮为基础的经济全球化在过去的30多年间塑造了世界格局，而金融市场的新自由主义管制方式则导致了2008年的全球金融危机。因此，在新自由主义经济全球化下，资本是最大的赢家，而社会付出了巨大代价。在此背景下，无论是美、英等发达国家还是以中国为代表的发展中国家，都在思考推动经济全球化进一步发展的治理模式改革。在这方面“一带一路”是一个有益的尝试。20世纪80年代以来，中国通过渐进式的改革开放不断深入地参与了经济全球化的进程。一方面，通过对国外资本、技术和管理经验等的引进推动了自身经济的快速发展；另一方面，也逐步建立起了适应经济全球化的治理机制。应该承认，中国的经济高速发展得益于经济全球化，但同时中国也对世界经济的增长做出了巨大的贡献，改变了世界经济的格局。改革开放之初，中国国内生产总值（GDP）占世界的份额只有5%左右；出口额占世界的比重不到1.5%。然而到2013年，中国GDP占世界的份额已上升到12.3%，出口额所占比重上升到12%。相应地，2010年中国成为世界第二大经济体，2013年成为世界第一大货物贸易国。自2008年全球金融危机以来，中国对世界经济增长的贡献率一直保持在30%左右（2014年为27.8%）。尽管目前中国的经济仍然大而不强，但如此巨大的经济体（2014年已达到10万亿美元）足以成为世界格局的主要塑造力量之一。而且在世界各国经济联系愈来愈紧密的趋势下，中国的发展和变化必然会对其他相关国家产生重大影响。在这个背景下，“一带一路”就是中国为推动经济全球化深入发展提供的承诺，也是维护经济全球化成果和机制的努力。从更长的历史时期来看，过去30多年中国经济的崛起是近100年以来世界经济格局的最大变化。根据经济史学家安格斯·麦迪逊的估算，18世纪中叶，中国GDP占全球的比重接近1/3，而彼时美国在全球的份额还微不足道。但是，200年后在中华人民共和国成立之时，这个比重已下降为1/20，而美国则上升到27%。一直到改革开放之初，中国GDP占全球的比重仍然只有1/20左右。改革开放已经走过30多个年头，中国经济的高速发展令世人瞩目，目前中国GDP占世界的份额已经恢复到接近1/8。相应地，美国GDP占世界的比重下降到22%左右。随着中国的崛起，目前东亚地区经济总量占世界的比重已经超过美国。

这意味着“亚洲世纪”已经来临。怎样更好地带动亚洲经济的增长，乃至世界经济的增长，是中国作为一个大国不得不担负的责任。但是，目前中国在多个国际金融机构中所占份额都很低。例如，在世界银行、国际货币基金组织和亚洲开发银行中仅分别占5.17%、3.81%和6.47%的投票权，在世界经济增长方面无法发挥与自身经济体量相匹配的作用。所以，共建“一带一路”是改变这种不合理局面的重要途径。从自身的发展阶段看，中国经济增长已经步入“新常态”。一方面，持续了30多年的“人口红利”逐渐消失，劳动力成本迅速上升，导致部分劳动密集型产业正在失去竞争优势。这符合经济全球化的基本周期规律，即每三四十年发生一轮大规模的产业转移。另一方面，由于过去十几年经济增长过快，过热的盲目的投资，中国部分原材料产业随着经济增长放缓出现了严重的产能过剩。这部分产能技术上虽然并不落后，但却供大于求，需要向海外转移。此外，中国巨大的消费市场也孕育了一批大企业，正在成为具有跨国投资和全球运营能力的跨国公司。这些因素的叠加促使许多中国的优秀企业走出国门，到海外购置优质资产，兴办企业。从图1–1可以看出，自2004年开始，特别是2008年之后，中国对外直接投资出现了井喷式增长。2004年中国对外直接投资额只有55亿美元，2008年就达到了559亿美元，2014年上升到1400亿美元，10年间增长了25倍。这个增长趋势与欧美发达国家在20世纪80年代和90年代的对外直接投资态势存在相似之处（图1–2）。因此，中国采用什么机制“走出去”，是新自由主义的全球化机制还是包容性全球化机制，将影响一大批国家。通过共建“一带一路”来完善经济全球化的机制，尽可能避免其带来的负面影响，这既符合中国“走出去”的需要，也是让全球化红利惠及更多国家和地区的需要。总的来看，共建“一带一路”是中国版的经济全球化模式，是探索推进全球化健康发展的尝试。它并不是中国的“特立独行”，也不是中国版的“马歇尔”

援助计划，而是在经济全球化机制下促进区域共赢发展的一个国际合作平台。

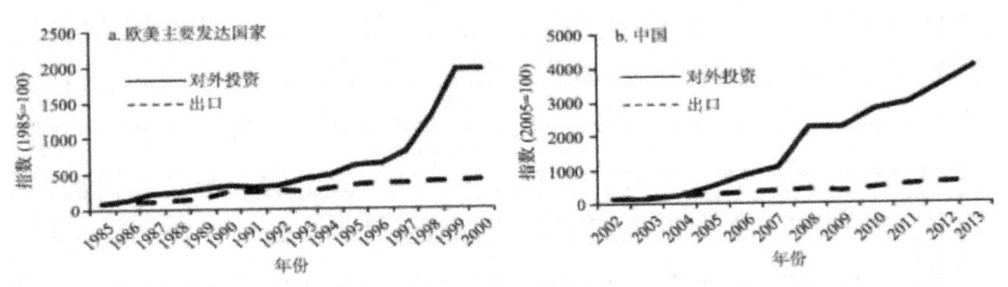

图 1-1 欧美国家对外投资及出口情况　　图 1-2 中国对外投资及出口情况

三、“一带一路”的空间内涵

从表面看，“一带一路”是一个具有高度空间选择性的概念。“带”与“路”都是指条带状的经济体，在空间上是排他的。单纯从字面上的理解已经引起了不少对“一带一路”倡议的误解。例如，某些省份认为自己在“一带一路”上具有某种特殊的、排他性的地位，而另一些省份认为自己与“一带一路”建设没有什么关系。事实上，“一带一路”具有多重空间内涵，是一个跨尺度的概念。首先，“一带一路”不是一个封闭的体系，没有一个绝对的边界。也就是说，没有办法在地图上准确表达其空间范围。“一带一路”从根本上是一个开放的、包容的国际区域经济合作网络，愿意参与的国家均可参加，即不具有排他性。因而，尽管外交部此前提到“一带一路”沿线有 60 多个国家和 40 多亿人口，但是《愿景与行动》并没有给出具体范围和国家清单，而是指出“一带一路”贯穿欧亚非大陆。其次，由于“一带一路”是一个国际区域经济合作网络，因而它必然以国家间的合作为主，而不是相邻国家的次区域合作。对于中国国内而言，尽管《愿景与行动》提到了一些省份和城市，例如，将新疆和福建分别建设为“丝绸之路经济带”和“21 世纪海上丝绸之路”的核心区，打造西安内陆型改革开放新高地以及重庆、成都、郑州、武汉、长沙、南昌、合肥等内陆开放型经济高地，加强上海、天津、宁波、广州、深圳等城市建设，这并不意味这些省份和城市具有排他性的地位。实际上，所有地区都可以参与“一带一路”的建设。尤其是经贸合作、人文合作、金融合作等共建工作，绝不仅仅是《愿景与行动》中提到的省份和地区的“独家”任务。一些没有提到的省份与沿线国家的贸易往来和人文交流反而更密切。《愿景与行动》提到某些省份和地区的定位，其主要出发点是将“一带一路”建设与国内已有的区域发展战略结合起来，形成东中西互动合作的局面，促进地区之间相对均衡的发展和尽快提升地区之间的对外开放程度，而不是限定某些地区属于“一带一路”，其他地区不在其列。最后，共建“一带一路”涉及设施互联互通，特别是国际海陆运输大通道的建设，而这部分工作确实有具体的空间指向和空间范围。例如，《愿景与行动》提出“丝绸之路经济带重点畅通中国经中亚、俄罗斯至欧洲，中国经中亚、西亚至波斯湾、地中海，中国至东南亚、南亚、印度洋”的通道；“21 世纪海上丝绸之路重点方向是从中国沿海港口过南海到印度洋，延伸至欧洲，从中国沿海港口过南海到南太平洋”。也提到了“共同打造新亚欧大陆桥、中蒙俄、中国—中亚—西亚、中国—中南半岛等国际经济合作走廊”，以及推进中巴、孟中印缅经济走廊的建设。在这些具有明确空间指向的通道和走廊上，将会有比较多的基础设施共建工作。也就是说，“五通”中的设施互联互通具有更多的小尺度、次区域特征，而其他“四通”则更多的是国与国之间的合作。因为对其多重空间性和跨尺度特点了解不够，所以国内一些官员、学者和媒体习惯于将“一带一路”视为中国的区域发展战略。这在一定程度上造成了混淆。“一带一路”是统筹中国全方位对外开放的长远、顶层设计，也是中国与沿线国家共同打造开放、包容的国际区域经济合作网络的倡议，因而它必然是一个国家倡议，而不是区域倡议。当然，由于多重空间性，这个国家倡议具有显著的区域影响。但是，如果因为其具有区域影响就将其称作中国的区域倡议，将有损这个倡议的地位和作用，也会引起沿线参与国家的疑虑。

四、“一带一路”的地理学研究议题

“一带一路”是中国为推动经济全球化深入发展而提出的一种新的发展理念和国际区域合作模式。共建“一带一路”为学术界提出了很多科学问题。其中，需要地理学界加强研究的议题包括：全球化时代地缘政治关系的核心要素和驱动机制，沿线国家的国别地理研究，“一带一路”框架下的对外直接投资理论、海陆运输的空间组织等。地缘政治研究是地理学的传统领域。从根本上说，地缘政治探究地理因素（如区位、民族、经济实力等）与国家主体政治行为之间的关系，特别是地理因素对于国家利益的保障。近代历史上，崛起的大国都十分重视地缘政治研究，出现过影响深远的地缘政治学家，如德国的拉采尔、美国的马汉、英国的麦金德。由于种种原因，中国的地缘政治研究还很薄弱，研究人员队伍以及出版的文献屈指可数，很难满足中国日益上升的国际地位的需要。推进“一带一路”建设毫无疑问将涉及沿线参与各国之间利益的协调，也会影响到国际格局的调整，因而必然也是一个地缘政治格局变化的过程。因此，分析“一带一路”的地缘政治基础及其对地缘政治格局的影响，提出符合“一带一路”建设理念的地缘政治理论，是地理学界不可回避的研究议题。《愿景与行动》提出了“共商、共建、共享”的基本原则。有效推动“一带一路”建设的关键在于沿线国家要共同寻找利益共同点和共赢建设项目，而这离不开各国在相关政策和建设规划上的衔接。要做到共商和衔接就必须加深相互之间的了解，包括政治、法律、行政、文化、宗教、人口、经济、社会结构和资源环境，以及国家治理结构上的不同。这就是地理学的国别地理研究。过去多年里，由于价值取向和国内建设需求强烈等原因，中国地理学界对于世界地理或外国地理的研究一直处于萎缩状态，从而导致当前对“一带一路”沿线很多国家的系统了解仍停留在数十年前的水平上。这必将在一定程度上影响中国同沿线国家进行对接与协商，同时也不利于避免不必要的风险。因此，尽快开展“一带一路”国别地理研究是当务之急。共建“一带一路”将是以中国“走出去”为鲜明特征的全球化深入发展的过程，需要适合的对外直接投资理论来支撑。自20世纪70年代西方发达国家开始大规模资本“走出去”，对外直接投资理论就一直是国际地理学界和商学界的重要研究课题。从早期的“新国际劳动地域分工”理论，到后来邓宁（Dunning）的“折中理论”，再到90年代的网络理论等，都对发达国家的对外直接投资起到了指导作用。但是，已有的对外直接投资理论主要是基于这些国家的经验总结，特别是受到新自由主义的强烈影响。这些理论是否能够有效地指导“一带一路”建设还需要时间的检验。因此，用“一带一路”建设案例检视现有对外直接投资理论，发现新的关键变量，修正或重建相关的理论，成为地理学界的一个前沿性学术议题。此外，“一带一路”建设的一个突出特征是货物贸易的运输组织优化。过去一个多世纪以来，由于海运技术的不断发展，海运成为国际贸易的主要通道。海运的方便程度和成本优势是其他运输方式无法比拟的，但其缺陷是运输的时间成本高。例如，从中国沿海港口到欧洲的海运时间一般在30多天。陆路（铁路）运输的价格和时间成本介于海运和航空运输之间，但是由于要通过多个主权国家的海关，所以国际铁路运输往往手续很烦琐。“一带一路”建设中设施互联互通以及贸易便利化等共建工作将有利于提高陆路（铁路）运输的比较优势。事实上，近几年中国各地开通的各种“五定班列”，如渝新欧、蓉欧快铁、西新欧等，已经在这方面进行了前期探索。因此，伴随“一带一路”建设如何进一步优化货物贸易的运输组织，是值得地理学界深入研究的。

“一带一路”是中国为推动经济全球化深入发展而提出的国际区域经济合作新模式，不仅将对中国社会经济发展与全面对外开放产生深远的历史影响，而且也将对沿线国家的经济发展产生积极的带动作用，并对国际经济格局变化产生推动作用。它是统筹中国全面对外开放的国家倡议，尽管有显著的区域影响，但它不能被视为区域倡议。正确理解这个倡议，不仅需要深刻认识丝绸之路的文化内涵以及经济全球化发展的大趋势，还要科学地认识“一带一路”的空间内涵，特别是其空间多重性。为“一带一路”建设提供科学支撑是当前和今后相当长一个时期的需求。由于这个倡议蕴含着丰富的地理内涵，因而为中国地理学的发展提供了重大的机遇，将推动地缘政治、世界地理、外资理论、交通运输组织等领域的研究和创新。

五、“一带一路”是基于中华传统文化的国际经济理念创新

（一）中华传统文化与西方国际经济学的理念差异

中华传统文化拥有五千多年的历史，深深地承载着人类社会的各种认知、经验和感悟；与此相比的是，西方经济学自从亚当·斯密在 1776 年发表《国富论》时算起仅有 239 年的历程。因此，二者对人类历史的认知程度、发展经验和复杂关系的感悟不在一个层面上。如果说，早期的古典经济学在国际经济关系中还比较注重分工协作的效应因此强调比较利益等，那么，在 1859 年 11 月达尔文的《物种起源》一书出版后，“物竞天择，适者生存”的原理就被一些西方学者简单地套用到了国际经济社会关系中，不仅深深地影响了西方对国际经济关系的认识，而且使得西方国际经济学理念愈加偏离和谐共存之道。中华传统文化与西方国际经济学在理念上的差异至

少可概括为以下五个方面的内容：

（1）在经济活动的起点上，西方经济学以“人的本性是自私的”为基点，强调人的一切经济活动和行为选择都建立在私利基础之上，这既是各种经济活动的内在动机，也是各种经济活动的最终落脚点，即所谓的“人不为己，天诛地灭”。既然人的本性是自私的，那么人与人之间就必然存在着相互排斥、你死我活的斗争和相互利用、不可互信的关系。将这一理念贯彻到国际经济关系中很容易推演出世界各国和地区在国际经济社会中追求的仅是各自的利益，并无全球福祉的归宿。由于利益只可自得独享，不可均沾，由此，国际经济关系就成为一种争权夺利的关系。毫无疑问，在某些条件下，有些国家可能做出利益上的某种退让，但这只是为了谋求更多的长远利益的权宜性选择。按此思维逻辑推论，在国际经济关系中就没有真正的敌友，只有永恒的利益和利益交易。与此不同，中华传统文化虽然也重视利益机制，但它以“人之初，性本善”为基点，既强调以仁者之心待人，“仁者，爱人”“仁者，爱之理、心之德”，又强调人们在本源上具有向善求善的欲望和追求，具有为他助他的内在冲动和精神；尽管个人之间的利益存在差别，但在本性上是相近的（即“性相近”）。人们之间存在着相互依赖、相互联系和相互制约的机制关系，每个人的生存发展都以他人的生存发展为前提。为此，人们之间的互助合作是必然的，共同追求社会福祉为上的目标是一致的。由此，国际经济关系就可能成为一种互相帮助的关系，利益可各方均沾共享。

（2）在经济机制上，西方经济学以市场经济为背景，强调充分竞争和有效竞争。由此，把竞争对手当作与其利益相反的敌对方，必须将其打败（甚至消灭）而后快，进而在市场竞争中运用各种可能的资源和力量，选择种种措施限制对方的合理行为。将这种理念简单地贯彻到国际经济关系中，也就很容易把经济竞争的对手国视为对抗国或敌对国，采用各种自认为对己有利的国际资源和手段来维护自己的利益，限制甚至完全忽视对方的合理诉求和经济活动。与此不同，中华传统文化强调，在市场经济中应贯彻市场竞争规则，但同时也应重视对方的合理权益及其诉求，“和为贵”“和能生财”。因此，可视竞争对手为合作方、互利方；同时，在竞争中应充分看到对方的长处，既取长补短又相互帮助，互帮互带，甚至可视对方为“良师益友”。毕竟，国际市场不是哪个国家和地区的市场，而是世界各国和地区的共同市场。共同市场只有各国和地区共同努力才能有效发展。

（3）在运作方式上，西方经济学很重视资本的力量，资本规模越大则资本力量越大，资本技术越强则资本质量越高。由此，借用由血和火为先导的资本原始积累所引致的先行一步效应，依靠科技革命以及产业革命的成果，在追求利润最大化的内生要求的导向下，西方国家厂商内部的资本优势外化为市场竞争优势，把市场竞争转变为资本竞争，市场平等被界定为资本平等，形成了依靠资本力量决定市场竞争力的机制，为获得市场份额可以“赶尽杀绝”。在此背景下，动物界的恃强凌弱、弱肉强食和赢者霸权等理念被引入了市场之中。为了满足追求利润的需要，资本可以突破法律底线，践踏道德规范，忽视人类生存的自然环境等。将这些理念扩展到国际经济关系之中就不免视发展中国家为弱国，利用它们资本短缺的弱点，以资本为先锋军冲入市场之中，将资本优势转化为定价优势，获取霸权红利；在资本力量受到发展中国家主权机制和制度约束的条件下，动用政治机制、外交机制乃至军事（甚至战争）机制，强制性进入发展中国家市场就成为重要选项。与此不同，中华传统文化也重视资本的理论和尊重市场机制，但更加强调经济社会发展的力量，平等首先应该是人类的平等，各类主体共存共生，人类的共同发展；市场并非孤立地存在，它的发展受制于一系列经济、社会、文化和政治条件。因此，凡事要注意照顾左邻右舍、瞻前顾后、统筹安排，处理好各方面关系；在处理国际关系中强调在尊重主权的基础上的“求同存异”，各国和地区之间的差异是各有所长也各有所短，因此不可偏废。

（4）在运作规则上，西方经济学强调市场竞争是一个优胜劣汰的过程，适者生存的结果是优者生存。由此，最终的生存者主要由优胜者构成。市场竞争按照一定的规则而展开，竞争规则应由优胜者选择和制定。因此，它们划定了一个优胜者制定竞争规则、竞争结果应符合优者胜利的诉求的自我循环的逻辑框架。符合这一逻辑的经济行为也就符合了它们的权益诉求，可以进入它们的竞争范畴；不符合这一逻辑的经济行为就被判定为“无理”“违规”乃至“违法”，应予以制止乃至消灭。在此背景下，凡是不符合优胜理念要求的主体及其经济活动都被定义为劣者，都属于应当被淘汰、被消灭之列。与此不同，中华传统文化虽然也强调市场机制，重视争优机制的激励效能，但它建立在多元世界、多元主体的基础上，将优胜者视为样板和先行者，主张运用优胜机制激励他人，通过相互学习和互帮互带机制，求得共同发展和世界大同。此外，并不将优胜作为唯一规则，强调多层次市场具有多层次规则；不同的规则适用于不同的市场，后发者并非没有成为优胜者的可能，优胜者也很难长期独霸天下，更难永久维持优势地位。因此，应有更多的包容理念和变化发展的理念。

（5）在运作结果上，随着优胜理念的扩展，唯我正确、唯我是从，优者独尊、优者独享和顺我者昌、逆我者亡都是理所应当的，结果只能是我即世界、世界即我。将这种理念推演到国际经济关系中，一资独霸、一权独霸和一国独霸，以强权经济、强权政治、强权军事作为处理国际事务和国际商务的基本机制都可能发生；强求他国接受优胜国法律和理念，按照优胜国的要求处置各种国际关系等也成为常态现象；更有甚者，自己不愿做的事却偏偏要求他国做的情形也可能发生。在经济权益受到他国限制或自我感到受威胁的条件下，不惜发动战争，践踏他国主权和伤害他国利益。与此不同，中华传统文化将多元化、多极化理念扩展到国际经济领域，强调各国和地区之间的相互尊重主权、平等互利，通过“求同存异”争得和平发展，创造和谐世界。由此，在国际经济关系中，各种问题可以通过平等协商、利益协调和义利合一等方式来解决。由以上内容不难看出，基于西方经济学基础上的国际经济理念过于简单地贯彻着动物界的进化规则，忽视了人类社会及国际社会的和谐共生要求；与此相比，将中华传统文化的理念贯彻到国际经济关系之中，更加适合世界各国和地区的和平发展的梦想，更加有助于处理好各种国际经济关系。

（二）中华传统文化理念在国际经济历史发展中的贯彻

第二次世界大战之后，在反对帝国主义和殖民主义的过程中，亚非拉各个发展中国家逐步形成了国家独立、民族解放的世界潮流，打破了殖民统治格局，敲响了殖民统治的丧钟。到 20 世纪 50 年代中期，亚洲和非洲已经有 30 个国家宣布独立。但与此同时，老牌殖民主义国家并不甘心失败，依然通过思想、政治、军事和经济等种种路径强力阻止民族解放浪潮的进一步展开。1955 年 4 月，由印度尼西亚政府提议，由印尼等 5 国发起和亚非 29 国参加的亚非国家的国际会议在印尼万隆隆重召开，会议讨论了世界局势和争取民族独立、发展经济等各国共同关心的问题，形成一个团结一致反帝反殖的共同纲领。会上，周恩来总理代表中国政府重申了和平共处五项原则，受到了与会各国的肯定，为万隆会议的成功和各项文件的顺利通过奠立了基础。万隆会议以后，和平共处五项原则被越来越多的国家、国际组织和国际会议所承认和接受，并载入了包括联合国大会通过的宣言在内的一系列重要国际性文件，对推动国际关系朝着正确方向发展发挥了重大的历史性作用。和平共处五项原则强调了各国相互尊重主权、平等互利，这是中华传统文化在国际关系中的具体体现和落实。它打破了西方国家一国独霸、一权独霸的国际理念，受到世界各国和地区的欢迎，推进了国际经济新理念的形成。

在传承历史的基础上，国家主席习近平提出了一系列处理国际关系的新理念，主要表现在：

（1）坚定不移走和平发展道路。2013 年 1 月 28 日，在主持十八届中央政治局第三次集体学习时，习近平强调指出：要“加强战略思维，增强战略定力，更好统筹国内国际两个大局……不断夯实走和平发展道路的物质基础和社会基础”，“我们的和平发展道路来之不易，是新中国成立以来特别是改革开放以来，我们党经过艰辛探索和不断实践逐步形成的”，“纵观世界历史，依靠武力对外侵略扩张最终都是要失败的。这就是历史规律”。2014 年 3 月 28 日，在德国科尔伯基金会演讲时，习近平进一步指出：“中华民族是爱好和平的民族。一个民族最深沉的精神追求，一定要在其薪火相传的民族精神中来进行基因测序。有着 5000 多年历史的中华文明，始终崇尚和平，和平、和睦、和谐的追求深深植根于中华民族的精神世界之中，深深熔化在中国人民的血脉之中。”

（2）走出合作共赢的新路子。2013 年 6 月 19 日，在接见联合国秘书长潘基文时，习近平明确指出：“零和思维已经过时，我们必须走出一条和衷共济、合作共赢的新路子。”他说：“历史告诉我们，一个国家要发展繁荣，必须把握和顺应世界发展大势，反之必然会被历史抛弃。什么是当今世界的潮流？答案只有一个，那就是和平、发展、合作、共赢。”2014 年 4 月 1 日，在布鲁日欧洲学院演讲时，习近平特别强调：“中国愿意同欧盟一道，让和平的阳光驱走战争的阴霾，让繁荣的篝火温暖世界经济的春寒，促进全人类走上和平发展、合作共赢的道路。”2015 年 3 月 28 日，在博鳌亚洲论坛的主旨演讲中，习近平强调：“迈向命运共同体，必须坚持合作共赢、共同发展。东南亚朋友讲‘水涨荷花高’，非洲朋友讲‘独行快，众行远’，欧洲朋友讲‘一棵树挡不住寒风’，中国人讲‘大河有水小河满，小河有水大河满’。这些说的都是一个道理，只有合作共赢才能办大事、办好事、办长久之事。要摒弃零和游戏、你输我赢的旧思维，树立双赢、共赢的新理念，在追求自身利益时兼顾他方利益，在寻求自身发展时促进共同发展。”

（3）坚持亲、诚、惠、容的理念。2013 年 10 月 24 日，在周边外交工作座谈会上，习近平指出：“我国周边外交的基本方针，就是坚持与邻为善、与邻为伴，坚持睦邻、安邻、富邻，突出体现亲、诚、惠、容的理念。”2013 年 3 月 25 日，在访问坦桑尼亚期间，习近平强调：“中国坚持国家不分大小、强弱、贫富一律平等，秉持公道、伸张正义，反对以大欺小、以强凌弱、以富压贫，反对干涉别国内政，将继续同非方在涉及对方核心利益和重大关切的问题上相互支持，继续在国际和地区事务中坚定支持非洲国家的正义立场，维护发展中国家共同利益。”2014 年 6 月 5 日，在中阿合作论坛第六届部长级会议开幕式上，习近平说道：“千百年来，丝绸之路承载的和平合作、互学互鉴、互利共赢精神薪火相传。中阿人民在维护民族尊严、捍卫国家主权的斗争中相互支持，在探索发展道路、实现民族振兴的道路上相互帮助，在深化人文交流、繁荣民族文化的事业中相互借鉴”，丝绸之路就是要促进文明互鉴、尊重道路选择、坚持合作、开放包容、共赢和倡导对话和平。

（4）坚持义利合一的价值观。2014 年 7 月 4 日，在首尔大学的演讲中，习近平强调指出：要“在国际关系中践行正确义利观。国不以利为利，以义为利也。在国际合作中，我们要要注重利、更要注重义。中华民族历来主张‘君子义以为质’，强调‘不义而富且贵，于我如浮云’。在国际关系中，要妥善处理义和利的关系。政治上要秉持公道正义，坚持平等相待，经济上要坚持互利共赢、共同发展，摒弃过时的零和思维。既要让自己过得好，也要让别人过得好。不能只追求你少我多、损人利己，更不能搞你输我赢、一家通吃。只有义利兼顾才能义利兼得，只有义利平衡才能义利共赢”。不难看出，60多年来，中国在处理国际经济社会各种关系中始终贯彻着中华传统文化理念，强调世界是各国和地区的世界，不是哪个国家和地区或少数国家和地区的世界；霸权主义可以盛行一时但难以长期持久，和平发展、合作共赢和和谐共存应是各国和地区追求的共同目标。

（三）“一带一路”倡议贯彻的国际经济关系新理念

“一带一路”倡议既是国际经济关系发生重大变化的产物，也是中国履行负责任的大国国际义务的产物，还是中华传统文化贯彻到国际经济社会发展中的产物。首先，长期以来世界各国和地区对霸权主义盛行早已心怀不满。2008年美国金融危机引发全球金融危机之后，这种不满情绪与日俱增。同时，在受到金融危机冲击之后，美国虽然想要继续贯彻霸权主义但也感到力不从心。因此，重新审视和调整国际经济关系及其规则已经成为包括众多欧洲发达国家在内的世界各国和地区的内在诉求。其次，中国经济经历了长达30多年的高速增长，不仅打破了唯有西方道路属于人类经济发展最优模式的神话，而且为中国作为一个负责任的大国履行国际义务既奠定了经济基础又扩大了国际影响。在金融危机中，中国沉着应对，继续保持经济高速增长，成为世界经济的主要引擎，更是得到世界各国和地区的首肯和认同。在此背景下，中国的发展道路和发展成果愈益受到包括欧洲发达国家在内的众多国家和地区的关注。最后，60多年来，在介入各种国际事务中，基于中华传统文化理念的各项主张已逐步为世界各国和地区所认知、认同和接受，成为处理国际经济社会关系的重要基础和基本原则。一个突出的实例是，亚洲基础设施投资银行从名称看本来涉及的是亚洲国家和地区之事，但地处欧洲的英国无视美国的再三警告，执意加盟成为亚投行的意向创始成员国。随后，德、法、意等一大批欧洲国家和大洋洲、非洲、南美等国家相继加盟成为亚投行的意向创始成员国。到 2015 年 4 月 15 日，亚投行的意向创始成员国达到了 57 个。这一方面反映了平等互利的理念已成为世界大多数国家和地区的共同追求，它们在饱受霸权主义规则之害背景下，具有调整和改善国际经济规则的共同愿望；另一方面反映了中国所秉持的基于中华传统文化的国际经济关系新理念已得到高度的国际认同，正在成为处理国际事务的新规则和新机制。“一带一路”倡议的构想，既以中国历史为背景，具有深厚的底蕴，又以亚欧各国和地区的现实诉求为契机，具有丰富的内涵。它强调在尊重和维护各国和地区权益的基础上，以平等、合作、互利和共赢为基本点，以解决基础设施建设融资难等经济社会问题为先导内容，是一个共谋和平发展的倡议，并将有效改善和提升“一带一路”沿线各国和地区的经济社会发展水平，受到这些国家和地区的欢迎和支持，重塑国际经济新格局。从中国的角度看，“一带一路”的发展倡议构想实现了三大突破：

第一，它改变了中国外汇使用长期依赖于购买美国等发达国家国债的路径，突破了间接投资的限制，强化了中国在全球（特别是亚洲地区）配置资源的能力。2000 年至 2014 年这 15 年间，中国的外汇储备资产从 1655.74 亿美元增加到了 38430.18 亿美元，年度净增额从 108.99 亿美元增加到 5097.26 亿美元（2013 年）。如此巨额的外汇储备资产，在使用中主要用于购买美国等发达国家的国债及其他证券，用于对外直接投资所占比重极低。这种外汇资产的使用方式实际上弱化了中国在全球配置资源的能力，增强了美国等发达国家在全球配置资源的能力。简单的内在机理是：中国出口产品→获得贸易顺差→外汇用于购买美国国债等证券→美国等发达国家获得资金→美国等发达国家增大对外直接投资（即在全球配置资源的能力）→中国获得外商投资→由外商引致的中国出口能力增强。在这个过程中，中国的资源成为美国等发达国家增强全球资源配置能力的一个落脚点。就中国而言，外汇储备资产的增加仅剩下一个名义上的对外债权数字。从1998年至2013年16年间，尽管美国的国际投资头寸始终处于负值且呈负值不断扩大的趋势，但美国对外投资所形成的海外资产却一直在快速增加。即便在2008年金融危机之后，这一趋势也没有发生实质性变化，美国的海外资产从194647.17亿美元增加到219637.63亿美元，增长率达到12.83%。按理说，在国际投资净头寸处于负值的背景下，美国应缺乏对外投资的资金，因此它的海外资产应难以增加。在国际投资净头寸为负的背景下，美国海外资产得以不断增加的一个主要原因在于，中国等一系列国家的外汇储备资产用于购买美国国债及其他证券。美国海外资产的持续增加，表明美国在全球配置资源的能力呈持续增强的态势。"一带一路"倡议的实施，使中国的外汇储备资产更多地以直接投资的方式投入使用，由此，突破了长期延续的购买美国等发达国家证券的外汇使用路径依赖，强化了中国在全球（尤其是亚洲地区）的资源配置能力，使中国能够更好地履行负责任大国的国际义务。

第二，"一带一路"倡议的实施，跳出了扩展受援国生产能力和福利的旧套路，通过"道路"的连接和扩展，提高了受援国的经济社会效率，突破了特里芬难题。国际经济学认为，发达国家对发展中国家的投资将增强资本输入国的生产能力，随着发展中国家生产能力的提高和国内市场从卖方市场向买方市场转变，发展中国家的出口能力将明显提高。由此，发达国家将出现贸易逆差。为了弱化这一趋势，发达国家对发展中国家的援助就应从提高生产能力为主转变为提高福利水平为主，使得发展中国家福利水平提高，在内需扩大的条件下，生产能力并无实质性增加。与此相对应，发达国家可以继续源源不断地向发展中国家供给产品，以占领发展中国家市场的方式增强全球资源配置能力。但发展中国家的生产能力不提高或提高缓慢，有可能引致它们偿还外债的能力降低或不足。由此，以提高福利水平为取向的资金援助，可能因发展中国家的主权债务危机而得不到及时偿还。这是一个在西方国际经济学中难以破解的矛盾之题。此外，美国经济学家罗伯特·特里芬（Robert Triffin）1960 年出版的《黄金与美元危机——自由兑换的未来》一书中提出了美国所面临的一个难以解决的内在矛盾，即通过贸易逆差向国际市场投放美元将引致美元不断贬值。由此，美元不适合作为国际货币。通过对外投资向国际市场投放美元将引致他国生产能力提高和增加出口，结果还将使美国处于贸易逆差，美元依然不适合作为国际货币。“一带一路”倡议的构想跳出了这些国际经济矛盾的陷阱，它以改善“交通运输条件”为先导性抓手。其中，交通运输设施既包括高铁、高速公路、城际道路和海运之路，也包括相关的各种配套设施，是基础设施的重要组成部分。在经济社会生活中，交通运输设施的改善既有利于提高生产活动、服务活动和消费活动等经济活动的效率，又有利于提高政府部门运作、文化交流、体育娱乐和城乡居民生活等社会活动的便捷程度。因此，具有很强的经济社会效应。同时，交通运输设施又具有相当程度的“不动产”特点，是难以通过外贸等产品流动来解决或增加的，只能在相关国家和地区主权范围内建设。由于交通运输设施的改善需要巨额投资且具有较强的公益性，投资回收期较长。所以，亚洲乃至世界的许多国家在这方面长期欠账甚多。“一带一路”倡议通过改善交通运输设施带动亚洲各国和地区的基础设施建设，既有利于缓解这些国家和地区的燃眉之急，又有利于提高它们的经济社会生活质量，还有利于中国在增强对外投资过程中跳出国际经济的上述矛盾陷阱，不能不说是一项高明睿智之举。

第三，“一带一路”倡议的实施将相关国家和地区的经济社会连为一体，以相互尊重、平等相待为基础，以合作共赢和和谐发展为主旨，突破了西方国际经济关系中的“胜者通吃”、唯利是图和霸权主义的规则，对推进由中国所倡导的“尊重对手”“求同存异”“和为贵”“取长补短”“以义为先”和“和谐共生”等一系列新思维落到实处，树立新型国际经济理念，促进新型国际经济社会规则的形成，具有至关重要的意义。“一带一路”虽由中国提出，但并非仅是中国的“一带一路”，更不是“马歇尔计划”的重现。它实际上是相关国家和地区（从亚投行意向创始成员国构成看，它甚至是世界各国和地区）共同的“一带一路”。它的推进和实现也有赖于这些国家和地区的相互协作和共同努力。要有效地实现“一带一路”倡议的构想，构建新型国际经济社会关系新规则，就应该将以下五个方面落实到实际行动之中：其一，充分尊重“一带一路”沿线各国和地区的主权，以平等、合作、互利和共赢为基础，以经济社会发展为导向，以提高这些国家和地区的社会福祉为目标，切实有效地解决它们最为关心的利益问题。由于这些沿线国家和地区的经济、政治、文化、历史和制度差异甚大，难以采用同一方式开展相关运作，因此需要因地制宜地采用灵活的、各方都可接受的方式开展运作。这就要求不落俗套地大胆创新。其二，以亚投行、丝路基金为先导，充分调动相关国家和地区的各类投资资金，建立相关金融运作机制，在尊重各方权益的基础上，充分发挥市场机制的决定性作用。亚投行的运作突破了国与国之间的主权国际关系，建立了国际金融组织与相关国家和地区之间的国际关系，但亚投行的资金（和所能募集到的资金）在规模上是难以满足“一带一路”沿线各国和地区的基础设施建设投资需求的。要有效克服这一难点，就需要根据具体基础设施建设的需要，充分考虑对象国和地区的权益要求，设立多种多样的投资基金，以调动沿线各国和地区的民间资金和其他国家和地区的国际资金。以中国为例，在城乡居民储蓄存款余额已高达53

万亿元的背景下，可以考虑发起设立“一带一路”海外投资基金，向全国民众募集投资基金。这也有利于加速中国资本走出去的步伐。在设立多种多样的投资基金的过程中，需要特别重视这些投资基金运作的国际化程度，这样就可以吸引更多国家和地区的资金一并加入投资基金运作，减弱投资对象国政局及其他因素变化对“一带一路”具体项目实施的负面影响。其三，以交通（高铁、高速公路和海路等）运输设施改善和基础设施建设为抓手，推进相关国家和地区的工业、服务业的有效发展，提高就业水平和就业者的技能，促进它们的经济结构调整优化。基础设施包括的内容极为广泛，除道路、铁路、机场、桥梁和港口等交通运输设施外，还包括通信、水利、城市供排水供气供电设施和科教文卫等事业所需的固定资产等。它既是各类企业、机构、居民和政府部门等经济社会生活的共同物质基础，也是保障各类城市正常运行的基础设施。由此，在推进基础设施投资的过程中，不仅需要注重基础设施建设的高质量和各种配套的完善程度，而且需要注重推进相关产业的发展，以此为契机促进相关国家和地区的经济结构调整优化，给居民、企业和政府部门等提供更多更好的福利空间。其四，以自由贸易区建设为契机，推进相关国家和地区的贸易发展，加快区域经济一体化进程。“一带一路”的推进过程为沿线各国和地区贸易一体化提供了良好的契机。在基础设施投资和建设中所形成的“我中有你、你中有我”的融合机制的背景下，在各国和地区相互尊重相互信任的基础上，推进具有共赢功能的自由贸易区建设，将成为相关各国和地区的共同愿景。因此，应不失时机地创造条件、把握机遇，积极推进有关自由贸易区建设和谈判。其五，以关注民生为基础，推进教育、卫生、文化、养老、健康和体育等产业的发展，促进沿线国家和地区的经济社会和谐发展。“一带一路”倡议的实施，既是沿线各国和地区强国富民的工程，又是有效改善民生条件、提高民生质量的工程。任何国家和地区的福祉最终取决于民生需求的满足程度，工业化的发展虽然有利于提高居民的就业水平和收入水平，但同时也带来了环境污染和生态破坏等一系列问题。在强调节能减排、绿色经济的今天，“一带一路”的实施更应重视充分应用高新技术的成果，有效改善这些国家和地区的民生条件。

第二节　“一带一路”倡议中的经济互动策略研究

一、经济贸易问题的挑战

中国和“一带一路”沿线国家经济互动所面临的挑战主要集中在以下几点：首先是中国和沿线国家之间在交通领域的基础设施建设并不完善；其次是中国和沿线国家并没有一个区域合作的机制或多边的合作平台；最后是部分沿线国家的贸易壁垒及物流成本过高。交通领域的基础设施建设不完善是困扰中国和“一带一路”沿线国家进行经济互动的主要因素。仅以中国和俄罗斯为例我们来具体探讨两国在交通领域的基础设施建设。中国和俄罗斯两国的边界线共有约 4300 千米，中国的西部和东北都和俄罗斯有直接接壤的地区，其中中国通往俄罗斯的几个较大的口岸城市分别是吉林的珲春口岸、内蒙古的满洲里口岸、黑龙江的绥芬河口岸和黑河口岸。而中国通过这四个口岸城市通往俄罗斯的通道主要有铁路、水运和公路三种方式。黑龙江的绥芬河口岸位于黑龙江省的东南部，与俄罗斯的滨海边疆区相邻，其中和绥芬河口岸相对应的俄罗斯口岸是波格拉尼奇内。绥芬河市还是俄罗斯远东大铁路与滨绥铁路的连接点。绥芬河口岸共有两条公路和一条铁路与俄罗斯相对接。绥芬河口岸初期的年货运能力达到100万吨。黑河口岸位于黑龙江省黑河市，黑河口岸与俄罗斯的布拉戈维申斯克相对应，黑河口岸是黑龙江流域通关能力最强、城市规格相对最高和规模最大的口岸。黑河口岸在设计初期拥有120万吨的年货运能力。满洲里口岸属于内蒙古的呼伦贝尔市，位于中国、俄罗斯、蒙古三个国家的交接地区，是中国通向俄罗斯的主要国际大通道，满洲里口岸承担了中俄贸易60%的货运量。满洲里口岸初期年过货量约为200万吨，在全国同类口岸的排名中位居前列。珲春口岸位于吉林延边，有水路、铁路、公路三种运输方式。珲春口岸也是吉林省唯一的一个对俄罗斯开放的陆路口岸。珲春是国家规划“一带一路”倡议中蒙俄通道的起点，口岸设计初期的年过货能力是60万吨。除了上述介绍的中国四个主要通往俄罗斯的口岸城市以外，我们还有其他通往俄罗斯的口岸城市。其中仅黑龙江一个省就有25个开放口岸，比如东宁公路口岸、同江水运口岸、密山公路口岸、虎林公路口岸和上文提到的绥芬河公路口岸。其中各个口岸城市又在不断地开通增添新的运输路线，仅以绥芬河公路口岸为例，就已经开通了绥芬河—符拉迪沃斯托克、绥芬河—乌苏里斯克、绥芬河—波格拉尼奇内等运输路线。除公路口岸以外，绥芬河还有铁路口岸，绥芬河铁路口岸也是黑龙江省唯一的一条对俄罗斯的铁路口岸，被国家确定为一类口岸。除此以外，黑龙江东宁县还有一条与俄罗斯的滨海边境区波尔塔夫卡公路口岸相邻的东宁公路口岸。黑龙江省密山市有与俄罗斯滨海边疆区的图里洛格相连的密山公路口岸。黑龙江省虎林市也有一条对应俄罗斯宽马尔科沃的虎林公路口岸。在水运方面，黑龙江省有两个国家一级的水运口岸，分别是黑河水运口岸和同江水运口岸。黑河水运口岸与俄罗斯的布拉戈维申斯克口岸相对，间接与俄罗斯的西伯利亚大铁路连接。而同江水运口岸和俄罗斯的犹太自治州相对应的口岸下列宁斯阔耶临江相对，是中国经松花江向俄罗斯运输货物的必经之路。虽然现阶段中国已经拥有了一定数量的中俄运输通道，但是如果从“一带一路”建设要加强中国和俄罗斯经济互动的角度研究，运输通道和口岸城市建设还是略显不足，并且已有的交通运输通道在基础设施建设领域也略显不足。物流的基础设施建设水平具体是指与货物贸易运输相关的基础设施，如铁路、港口等的质量。“一带一路”倡议中与俄罗斯有关的规划路线主要有两条，分别是中蒙俄通道和新亚欧大陆桥。中蒙俄通道建设的一个方案是从珲春出发，经过延吉、吉林、长春等城市，穿过蒙古，从俄罗斯境内到波罗的海，最后目的地是欧洲。新亚欧大陆桥的规划是以中国连云港为起点，经中国的中部和西部主要城市，穿过阿拉山口至中亚国家，进入俄罗斯的铁道网络后，最后到达欧洲荷兰的鹿特丹港。“一带一路”倡议的运行在未来必然会使口岸城市的国际客货运量迅猛增长，但是在现阶段中国部分对俄罗斯口岸城市的基础设施相对陈旧和老化，已经很难满足国际大通道的建设需要。以部分中国对俄罗斯的口岸城市为例，我们来研究中国的口岸普遍存在的问题，这些问题也是影响中国和沿线国家经济互动关系的主要挑战。第一，口岸城市的基础设施建设普遍滞后。现阶段中国对沿线国家的一些口岸城市基础设施建设不完善，制约了口岸发展。尤其是较小的口岸，由于长期不进行建设，存在面临倒闭的危险。而一些大的口岸城市部分基础设施落后于口岸经济的发展，这也阻碍了口岸的发展。中国的许多口岸在建设初期都是秉承了“先开通，后建设”的原则完成的。这就意味着许多沿线口岸的基础设施欠着旧账，尤其是北方对俄罗斯的部分季节性开放的口岸工作环境较差，交通、供水和供电等基础设施方面尚未完善。口岸基础设施的滞后已经影响了中国和沿线国家进行经济互动。口岸基础设施的落后也源于口岸的管理费用是由地区政府的财政预算来完成的，口岸没有固定主要的资金来源。第二，一些口岸的检查模式落后以及工作效率不高，这点主要集中体现在部分政府工作人员办事拖沓，没有行政效率，进而影响中国和沿线国家的经济互动。政府部门间缺少协同配合和工作效率较低会很大程度上影响通关货物的顺畅进出，从而影响两国贸易顺利发展。在这种情况下，简政放权，尤其是取消部分行政许可的审批会提高口岸的工作效率。第三，口岸双方建设的规模不对等。两国口岸建设的同步性和对等性与否是影响两国口岸发展的重要因素，如果两国口岸建设规模不对等就会陷入瓶颈状况。以中国珲春口岸和俄罗斯的克拉斯基诺口岸为例，中国口岸的查验大厅有六条，但是俄罗斯口岸的查验通道却只有一条。由于两个口岸建设不一致，就会出现“瓶颈现象”。换而言之，中国的口岸可以同时放行六位旅客，然而俄罗斯的口岸只能接纳一位旅客，剩下的五位旅客只能在口岸等待。我们口岸放行的人越多，俄罗斯方面需要等待的旅客就越多并且成倍剧增。这就是上面所讨论的“瓶颈现象”。而在货物方面，中国对货物的检查采取一线和二线检查制度。二线一般是中国的海关监管中心，海关首先利用先进的检查设备检查放行进出口货物，若发现问题就直接就地检查。而一线是中国的口岸现场，只检查商品货物和报关单相符即可。所以中国的进出口货物在口岸滞留的时间相对较短。但是俄罗斯的查验制度是在口岸一线统一检查，没有两线检查制度。一般来说，当进出口货物进入俄罗斯后就会在俄罗斯口岸滞留，而等待检查又需要相当长的时间。这也成为两国加深经济互动所面临的挑战。

中国和沿线国家缺乏一个行之有效的区域合作机制或者多边的合作平台，这成为中国和沿线国家经济互动所面临的另一大挑战。我们知道，区域经济一体化通过自由贸易可以实现生产要素的自由转移，市场竞争程度越高，经济的资源配置也就越处于最优状态，并能够使得区域内国家获得收益。因此，在区域经济一体化的大背景下，两个国家之间的经济互动关系明显更强。通俗地说，加入区域性国际经济组织的两个国家更有利于发展两国的经济互动。但是现实是虽然现阶段中国已经和许多“一带一路”沿线国家建立了多边合作平台。比如上海合作组织、南亚区域合作联盟、中阿合作论坛、中国—东盟（10+1）等。但是这些区域性的论坛或组织在加深中国和沿线国家经济互动关系方面依然略显不足。比如上海合作组织更多关注的是传统安全、加强地区信任和裁军谈判进程，其宗旨在于促进成员国之间可以睦邻友好及互相信任。所以政治合作和安全合作是上海合作组织的主要内容，而经济领域的合作并不是上海合作组织的主要关注点。至于南亚区域合作联盟，由于印度在区域内的主导地位，否决了中国作为观察员或对话伙伴加入南亚区域合作联盟的可能性。这也间接反映了南亚区域合作的复杂性，因为中国要想在这一地区有所作为，首先就要解决和南亚区域大国印度的政治关系和历史遗留问题。另外，于2004年成立的中阿合作论坛的宗旨主要是加强对话与合作，促进地区的和平与发展。中阿合作论坛除了能源部分以外，基本没有涉及中国和阿拉伯国家经济合作或成立区域合作组织的部分。现存的合作机制中只有中国—东盟自由贸易区的关注点是在经济领域，主要议题也是减税和建立自贸区。然而这种紧密程度是不够的，未来我们可以在海关联盟、共同市场甚至是货币联盟的方向努力。我们“一带一路”倡议的长期诉求是能够建成一个涵盖所有沿线国家的全球开放型经济体系，在体系内部，沿线国家之间可以互利共赢、共同发展。综上，虽然区域经济一体化可以使市场变得更有效率，并加深中国和沿线国家之间的经济互动关系，但是现阶段并没有一个这样囊括了全部“一带一路”沿线国家的区域合作组织。当然现存的合作机制也不意味着对中国和沿线国家的经济互动没有任何作用，因为“一带一路”倡议所关注的是国际区域性范畴。而随着倡议的实行，在未来一定会引发国家之间区域合作的新形式。而这些区域合作机制或多边合作平台可以直接拿来利用或者加以借鉴改变成为新的区域合作形式。这些区域合作组织能够为“一带一路”建设提供重要的机制支撑，为未来我们所提倡的新合作模式建立基础。

一些沿线国家的贸易壁垒及物流成本过高是经济互动所面临的又一个主要挑战。这主要体现在两点：第一是部分“一带一路”沿线国家贸易通关效率过低，通关效率是指包括海关在内的边境管理部门在清关过程中的办事效率。根据世界银行2015年的统计，在“一带一路”沿线的主要国家中，中国、印度、俄罗斯等国家进口一个集装箱需要20天左右，乌兹别克斯坦甚至需要104天。和发达国家相比，“一带一路”沿线国家的平均通关效率仍有较大差距。另外沿线国家的物流服务质量也需要提升。物流服务质量包括了物流公司所能提供的服务水准。第二是“一带一路”沿线国家之间进行国际贸易还要面临来自自身贸易壁垒的困扰。根据世界贸易组织的统计，“一带一路”沿线国家需要通报的技术性贸易壁垒超过了600余项。这就增加了物流通道的时间，导致货物很有可能不会按照预计时间到达目的地，从而降低了通关效率，还会使货主的物流开销成本变高。除此之外，国际运输的便利性，即该国是否有能力安排具有价格竞争优势的运输也是影响两国进出口贸易的重要因素。

除了上述三点以外，“外围陷阱”冲击跨区域贸易合作、跨区域经贸合作缺乏货币结算方式和地点等也是影响“一带一路”沿线国家之间经济互动的重要因素。“外围陷阱”是阿根廷经济学家普拉维什在1949年提出的理论。普拉维什认为世界经济被分成了两部分，分别是“工业中心”和为“工业中心提供原材料”的“外围”。在全球的这种“中心—外围”体系下，“中心”国家会成为技术创新和工业制成品的生产者，而“外围”国家会成为提供原材料和受“中心”国家剥削的附庸，极大地拉开“中心”国家和“外围”国家的贫富差距，从而使得原材料供应者的发展中国家陷入“外围陷阱”。所以普拉维什认为这些发展中国家要想获得经济上的成功，跳出“外围陷阱”，就要脱离和“中心”国家的联系。基于此，许多拥有资源禀赋的“一带一路”沿线国家担心消耗本国资源并使自己在国际分工中处于不利地位而不愿意和其他国家进行国际贸易。“外围陷阱”冲击了跨区域贸易合作，并成为中国和沿线国家经济互动所面临的挑战。另外，跨区域经贸合作缺乏货币的结算方式和地点也是经济互动所面临的挑战之一。换而言之，人民币要实现国际化依然“路漫漫其修远兮”。从两国经济互动的角度研究，中国跨区域经贸合作和人民币国际化是可以相互促进的。中国通过和沿线国家进行跨境贸易，可以使得人民币大规模流通。而人民币国际化也可以方便沿线国家进行贸易，有了统一的货币结算方式和地点后也有助于提高两国的进出口贸易效率。但是现阶段由于缺乏成熟的金融体系做支撑和人民币国际流通量尚显不足等原因，人民币只在几个沿线国家发挥交易媒介的职能，也没有充当价值储藏的渠道。人民币国际化与“一带一路”提议相结合，在未来还有三个具体的实施步骤需要我们去完成。第一步是实现人民币成为“一带一路”沿线国家国际贸易结算的货币，第二步是建立人民币的离岸中心，第三步是实行“一带一路”沿线所有区域国家的货币合作。

二、经济互动的思想框架

1. 经济互动的原则

经济互动需要坚持的原则应该和《愿景与行动》中国家所规划“一带一路”倡议的五个原则相符，分别是政策沟通、贸易畅通、设施联通、资金融通和民心相通。这说明经济互动策略应坚持以下五个方面的原则：一是政策沟通。经济互动策略需要坚持的第一个原则是政策沟通。政策沟通有助于沿线国家的互相了解，通过加强政府间的沟通也有助于增强双方的政治互信。这有助于打消部分国家对中国运行“一带一路”倡议的疑虑，达成合作新共识。要想建立新的政府间交流和沟通机制，中国和沿线国家应共同讨论合作的新政策并解决可能出现的问题。政策沟通原则的坚持有助于未来在政策和法律上给中国和“一带一路”沿线国家经济互动“开绿灯”。政策沟通所坚持的原则应是寻找双方最大的利益契合点，保留不同意见，即求同存异，共同推进双方加深经济互动的规划和措施。二是贸易畅通。经济互动策略所需要坚持的第二个原则是贸易畅通。贸易畅通是指为加深沿线国家之间的经济互动国家所采取的行动，具体应包括优化贸易结构、贸易及投资便利化等，最后的目标是建立一个自由贸易区。优化贸易结构是指通过寻找贸易新增长点的方式来实现共同发展，比如跨境电子商务的崛起，我们需要将其和传统贸易结合起来，拓宽贸易领域。贸易及投资便利化是指通过消除壁垒、改善通关环境等方式来营造良好的贸易和投资环境，把贸易和投资结合起来，争取让投资来带动贸易的发展。形成一个世界级的自由贸易区是我们的终极目标，这对中国经济乃至世界经济的稳定增长都有促进作用。贸易畅通尤其应重点关注上文所分析的经济互动所面临的挑战，即重点着手消除贸易壁垒，解决贸易投资便利化问题，提高沿线国家间的进出口贸易效率，实现互利共赢、共同发展。三是设施联通。设施联通是基础设施的互联互通，经济互动策略所关注的重点是在完善交通领域的基础设施建设。《愿景与行动》中将设施联通定为“一带一路”建设的优先领域。设施联通的关键部分是交通方面的基础设施建设，包括推进机场、港口、铁路和公路建设，促进国际通关运输便利化等。中国国内多个省份的发展经历已经证明，如果打破地区间的隔绝状态，可以有效促进其经济发展。基于此，中国和沿线国家交通方面的互联互通就显得很重要。此外，能源基础设施的合作、国际通信领域的互联互通等也是设施联通的重要组成部分。而上文已经分析过，现阶段中国的运输通道和口岸城市建设还是略显不足，并且已有的交通运输通道在基础设施建设领域也略显不足。因此，经济互动策略所需要坚持的第三个原则是设施互通。四是资金融通。经济互动策略中为保证贸易畅通和设施联通的完成，我们需要提议坚持的第四个原则是资金融通。资金是战略的支撑，经济互动策略的完成需要大量的资金支持。虽然我们有庞大的外汇储备，但是依然有资金缺口。所以我们需要和提议沿线国家深化金融领域合作，具体包括本币的互换和结算、加强金融监管、构建风险防范系统等。在融资机制领域，共同努力将亚洲基础设施投资银行建好，加快丝路基金的运营。如果在未来我们能实现所有的沿线国家在经常项目下和资本项目下能够实现本币的兑换与结算，那么也可以降低沿线国家互联互通的成本，还能够提高本国的国际竞争力。五是民心相通。民心相通是经济互动策略实现的社会基础。无论是我们的“一带一路”倡议，还是战略中的经济互动策略，如果想要顺利运行就一定要得到各国人民的支持。因为只有通过加强人民之间的友好往来，增进和了解对方，即达到民心相通，才能为沿线国家之间的经济互动得到民意支持并获得社会基础。民心相通的具体方式可以是加强和沿线国家的旅游合作、增加双方的留学生规模等，让中国和沿线国家人民可以增进互动和了解。只有通过加强沿线各国人民的友好往来后，提议才能得到各国人民的支持，从而增进沿线国家之间的传统友谊，为我们实现经济互动策略奠定丰富的社会和民意基础。

2. 经济互动的理念

经济互动策略在“五通”原则的基础上，应秉持什么样的理念去建设呢？在考虑了中国和所有“一带一路”沿线国家共同利益和要求的基础上，应坚持“创新、协调、绿色、开放、共享”的五大发展理念。这五个发展理念在2015年10月中国共产党的第十八届五中全会上首次提出，提出的目的是为了保证实现“十三五”时期的规划目标。五大理念的确立从根本上决定了未来国家发展的成效，而笔者认为这五大理念完全可以延伸至“一带一路”提议里，成为我们运行经济互动策略所秉持的理念。运行经济互动策略所需要坚持的第一个理念是创新。创新在这里指的不仅是科技上的创新，还有制度、理论等各方面的创新，可以说创新发展是中国运行经济互动策略的核心元素。因为中国要实现“一带一路”构想，就必须要适应国际秩序变动的新趋势和全新的国际规则。经济互动策略中的创新还意味着要打破旧的发展观念，使市场在资源配置中起到决定性的作用以及更好地发挥政府的作用，从而构建更加成熟的现代市场经济体制。另外，创新还有利于中国可以适应新的全球经济竞争体系，构建中国和沿线国家区域合作的新模式，建立新的全球性贸易和投资体系，这也是我们运行经济互动策略的长期目标。中国和“一带一路”沿线国家经济互动是一个庞大的系统工程，需要多方面全方位的协调。因此，协调是我们运行经济互动策略所需要坚持的第二个理念。协调在这里有两层含义：对外协调可以帮助我们妥善处理中国和“一带一路”沿线国家的关系，为倡议和策略的实际运行打好基础；对内协调可以着力解决中国区域发展的不平衡，增加重点省份的空间协调性。空间协调性方面是指中国需要构建一个统筹全局并兼顾各区域陆海的格局。并且无论是对内还是对外，经济互动策略中的建设通道、完善基础设施互联互通，以及打造国际经济合作走廊都需要协调。因此，可以认为协调是经济互动策略的内在要求。绿色发展理念是运行经济互动策略的前提保障。尤其是部分“一带一路”沿线国家存在特殊的地理环境，并且地形复杂，生态环境脆弱。这种情况下如果对外投资或基础设施的建设不坚持绿色发展理念就会给当地的环境带来压力，从而影响两国进一步的经济互动。

因此，在这种情况下，中国应坚持绿色发展理念，使用节能和环保技术，提高能源开采效率，共同建立开发区或合作区，使之形成相互依存的产业链。当然，生态环保和绿色发展也是跨越国家界限的全球性问题，需要中国和“一带一路”沿线国家付出共同的行动和努力。中国在和沿线国家共同建设基础设施时需要共同治理生态环境，并改善相关地区的发展条件，提高资源环境对发展的承载力，形成经济增长的内在动力。总之，绿色的发展理念是一个负责任大国去和沿线国家经济合作时所必须坚持的原则，也是倡议成功实施的前提保障。经济互动策略的主要关注点就是中国和沿线国家的贸易便利化，因此开放理念是我们经济互动策略的主要内容。开放理念是指中国的相关省份要结合自身特点，积极参与区域经济一体化和全球经济化，不断提升各省的开放发展水平，形成中国和沿线国家之间互利共赢、深度融合及共同发展的全新合作模式。开放理念可以把交通体系的基础设施建设作为切入点，消除贸易壁垒及实现贸易自由便利化作为手段，最后实现经济互动策略的发展目标。因此，从这个角度研究，发展是经济互动策略的主要内容和重要支撑。共享发展成果是我们经济互动策略的本质要求，也是我们需要坚持的理念。现如今，世界各国之间的经济依存度和融合度，尤其是在贸易和投资领域的联系广度与深度都是史无前例的，因此在未来共享发展也会成为世界发展的最终目的。而“一带一路”战略坚持共赢原则，主张共同发展、共同繁荣，这符合沿线国家的普遍利益诉求。我们提出的“一带一路”构想，不输出革命，不搞排外封闭，不限制意识形态和国别，只要有意愿都可以加入。中国愿意把自己的发展和沿线国家的利益结合起来，尊重各国主权，在承认不同国家之间文明共存的基础上，推动各国之间资源共享。中国愿意为沿线国家提供全球公共产品，也能够为沿线国家搭中国发展便车提供机遇。我们拥有共同的价值观和战略诉求，那就是共同发展、共同繁荣。

这让世界既看到了一个负责任大国的态度，也为中国和“一带一路”沿线国家共享繁荣开创了一个新的机遇。总之，经济互动策略立足于发展，最后实现利益共享，这也是沿线国家参与“一带一路”建设的主要动力和诉求，因此，共享的发展理念是我们经济互动策略的本质要求。

三、经济互动的运行策略

1. 经济互动的国内运行策略

从经济互动的国内运行策略来考虑，中国应采取“以点穿线、以线带面”的措施，推进国内省份和沿线国家整体互动发展。国内省份要以交通为主线完善基础设施建设，发挥几个中心大城市在建设“一带一路”中的带头作用，各省合理分工，取得整体的综合经济效益。西北地区应将西部大开发和“一带一路”倡议结合起来，发挥新疆特殊的地理位置，将其作为向西开放的出口，尤其应将阿拉山口口岸建成新亚欧大陆桥西线出口的桥头堡。新疆是位于中国西北地区直接对应中亚的核心省份，地理区位上具有进出口优势，向北、向西陆路可经中亚地区通往俄罗斯抵达欧洲，向东连接了中国的中部内陆地区。除新疆以外，其他西部省份如甘肃、青海、宁夏等也应发挥其各地不同的区位优势，建成中国经哈萨克斯坦、俄罗斯到欧洲的商贸物流通道和通向西亚及中亚的能源输送管道。具体地说，经济互动的国内西部区域运行策略有以下三点：第一，西北地区的经济互动策略应重点体现通过西部通道积极主动地“走出去”，发挥出连接中国内陆和中亚地区的作用。西北地区，尤其是新疆，应将“一带一路”倡议实施到具体的项目上，改造现代化的国际交通走廊。另外，完善中国和中亚国家之间的项目交流机制，形成优势互补，加强旅游、高新技术等产业的合作，真正地实现产业转型，把西北建成一个引进中亚矿产资源的战略通道。第二，西北应积极推动基础设施建设，在已有铁路和口岸通道的基础之上，加快建设新亚欧大陆桥的跨境货物运输通道，衔接好重点口岸的"断桥"部分，推进口岸城市建设。除此之外，西北应加快对中亚地区以及俄罗斯的铁路运输网建设，形成完善的基础设施网络，吸引生产要素向通道沿线聚集。第三，西北应该进一步提高对外开放水平，并借助"一带一路"倡议的贸易便利通道，大力发展"跨境电商"。西北地区还应继续加大对中亚地区的进出口产业园区建设，以此来推动贸易便利化，建立贸易绿色通道，大力发展新型贸易，扩宽融资渠道，建立区域性的金融服务中心。

东北地区应将振兴东北老工业基地战略和"一带一路"倡议结合起来，完善黑龙江对俄罗斯的能源管道运输和铁路公路网络，吉林省和辽宁省与俄罗斯合作海陆联运，建设向北开放的窗口。东北三省是"一带一路"倡议向北开放的重要窗口和桥梁，积极融入"一带一路"倡议有利于东北经济振兴。东北三省应积极对接完成"一带一路"的建设，将其纳入自己区域的发展战略中。面对新一轮的机遇和挑战，应通过改革创新进一步激发出东三省经济发展的内生动力，着力激发出市场活力。具体地说，东北地区经济互动的区域运行策略有以下两点：第一，通过国家规划的中蒙俄战略通道完善东北地区的基础设施建设，并将东北三省的区域经济发展政策结合起来。中蒙俄通道的修建可以在客观上助力"长吉图"发挥其战略价值，成为东北亚沿海岸的东方大港。"长吉图"的繁荣又可以带动吉林省其他地区的经济发展。而黑龙江省在中蒙俄战略通道所扮演的角色则是直接的，作为连接俄罗斯和蒙古的省份，油气管道等基础设施的建设需要直接在黑龙江内完成，这不仅关乎黑龙江经济的发展，也涉及中国的能源安全问题。第二，推进东北三省和东北亚国家跨境经济合作区的建设。东北地区的区域运行策略应通过"一带一路"倡议打造出东北地区的中蒙俄经济走廊，形成一个新的区域发展支撑带。中蒙俄经济走廊对内可以使东北三省可以更好地借着“一带一路”的“东风”真正地实现结构调整和工业转型升级，对外可以实现加深和俄罗斯、蒙古国的经济互动，从而实现互利共赢、共同发展。

西南地区应做好和东盟国家、南亚国家的桥梁，利用广西和越南相邻的区位优势，构建面向东盟的国际通道。云南省则应和湄公河流域国家合作，打造湄公河次区域合作区。发展西藏和尼泊尔等南亚国家合作，完善这一区域特有的旅游文化产业，发展跨国边境贸易。具体地说，西南地区经济互动的区域运行策略应分以下三点：第一，西南地区应加快两大通道的建设，即中巴通道和孟中印缅国际大通道。两大国际通道应利用国内纵深的广度和丰富的人力资源，推动西南地区的产业集群发展，做好连接中国和南亚国家的桥梁，沟通境内外的运输通道。第二，积极推动广西、云南等省（自治区）的企业“走出去”。各西南大省应抓住本省的比较优势，建立中外工业园区，打入东南亚及南亚市场。同时还应把握区位优势，将珠江—西江经济区和北部湾经济区打造成为面向东盟等国家的新发展区。对于部分计划走出去的企业通过创新驱动提升企业的自主创新能力，实现真正地“走出去”。第三，发挥西南边陲大省的兴边作用，力争把西南地区打造成开放发展的新经济增长带。以广西为例，广西应以凭祥、东兴等开发试验区为先导，以跨境经济合作区、国际旅游合作区、沿边金融改革试验区和边境经济合作区为载体，大力发展口岸经济和边境贸易，实现维护边境稳定、兴边富民和与沿线国家共同发展的目标。

沿海地区，利用中国沿海城市经济实力普遍较强、开放程度相对较高的优势，建设开发区或开放合作区。对沿海港口城市如大连、天津、福州、上海等城市，完善交通领域的基础设施建设，强化中转中心的枢纽作用。沿海城市或地区争取以开放来倒逼改革，加大创新力度，在改革中创新经济体制，形成参与国际竞争的新优势。具体地说，国内沿海地区的经济互动区域运行策略应分以下三点：第一，充分发挥东部沿海大城市的优势地理位置。中国东部沿海省份在"一带一路"建设中发挥着重要作用，应将其建设成面向东亚和东南亚地区进行国际贸易的重要中转地；第二，加强沿海港口的基础设施建设，尤其是重要的沿海节点城市，这对于促进"海上丝绸之路经济带"的建设和发展有重要作用；第三，根据沿海不同企业类型进行改革，提高企业对外出口的竞争力。对于大国企应加快混合所有制经济试点工作，加大监管力度，同时给予企业自由发展的有效空间，提升国企的自主经营能力。对于中小企业，应鼓励科技创新，并加强政府对中小企业的服务工程建设，鼓励金融产品的创新和互联网金融的发展。

2. 经济互动的国际运行策略

经济互动的国际运行策略主要分析两个问题，其一是分不同的规划路线研究如何使中国和"一带一路"沿线国家可以加深贸易领域的合作；其二是如何构建长期并且稳定的国际经贸合作机制。国家规划的"一带一路"倡议共有五条路线，其中"一带一路"倡议中"一带"的规划主要有三条路线，分别是中国经哈萨克斯、俄罗斯到欧洲；中国经中亚、西亚到波斯湾沿岸；中国经中南半岛到东南亚和南亚。而"一路"的规划路线主要有两条，分别是中国从沿海港口城市经南海到南太平洋；中国从沿海港口城市经南海到印度洋，最后目的地是欧洲。从国家规划的路线来研究，"一带一路"倡议主要涉及的国家和地区从北向南分别俄罗斯和东北亚地区、中东欧地区、中亚和西亚地区、南亚地区和东南亚地区。

俄罗斯能源矿产丰富，和中国贸易结构互补，贸易方面应加强能源和矿产领域的合作。与俄罗斯有关路线主要是中蒙俄战略通道，从国家能源安全的战略角度考虑，建设中蒙俄通道短期可以保证我国能源供给多样化。长期战略诉求则在于修建一条贯穿中蒙俄，目的地到欧洲的国际大通道。中蒙俄战略通道的一个方案是以大连港为起点，把韩国、日本、东南亚等国运输给俄罗斯或欧洲的货物，经哈大铁路、滨洲铁路，由满洲里出境，沿西伯利亚大铁路，最后到达莫斯科。这一方案贯通东北三省和内蒙古的部分地区，经沈阳、哈尔滨等城市，所过地区工农业发达。这条战略通道对东北来说，可以保证货物源源不断地输送到东北亚和欧洲，繁荣东北三省的贸易经济。

中亚国家普遍冶金业、采矿业等工业体系发达，而轻工业技术相对落后，产业结构单一，体系不完整，因为贸易结构的互补性，中国和其在进出口贸易领域有宽广的合作空间。尤其应推进以能源一体化为重点的合作方式。国家规划的新亚欧大陆桥以连云港为起点，经过西安等内陆城市，从新疆阿拉山口出境，经过哈萨克斯坦等中亚国家，最后到俄罗斯和中东欧国家。新亚欧大陆桥的终点是欧洲，准确的说是波罗的海和东欧地区。在食品加工、生物与化工、通信服务、汽车工业等领域，东欧国家和中国各有优势，因此应通过新亚欧大陆桥的建设，把东欧地区作为中国进入欧洲市场的重要基地，在这一地区进行投资，促使产业合作多样化，逐步发展，最后建立产业合作示范园区。而西亚地区石油资源丰富，西亚和北非占有世界三分之二的石油总储量。因此，中国经中亚、西亚到波斯湾沿岸的路线规划应以石油合作为主，合理规划石油运输路线和运输方式，部分替代马六甲海峡的石油运输航道。

根据国家规划的路线，中国和南亚国家的互联互通陆路将依托中国—中南半岛和中国—中亚—西亚两条国际大通道，海路将依托中国沿海港口城市过南海至印度洋，另外文件中还提到了孟中印缅和中巴两个经济走廊。从国家规划的路线来看，南亚在战略的执行中将作为独立的变量，发挥辅助作用。中国—中南半岛国际经济走廊是指从中国东部的沿海城市比如大连、泉州等地出发，经广州、海口到达东南亚，最远可以延伸至印度洋、地中海等。这对中国来讲，尤其是沿海城市，是一条可以借助的海上通道。中国—中南半岛国际经济走廊的出现使得从东北三省到东部沿海城市，再到东南亚乃至印度洋的距离缩短很多。东北三省的工农业产品可以借助辽宁的大连港等港口销往东南亚或者南亚各地，中国东部众多拥有出海口区位优势的沿海城市将成为促进中国和南亚国家国际贸易的重要因素。

对于东南亚国家，中国和其地理位置上相邻，经济结构类似，资源和中国互补，比如泰国是世界第一大橡胶生产国，印度尼西亚和马来西亚棕榈油的产量占全球 80% 等，双方在贸易和投资领域有很大合作空间。中国和东南亚国家 2014 年贸易总额约为 4805 亿美元，占贸易总额的 11%。东南亚国家是中国除了欧盟和美国以外的第三大贸易伙伴。中国和东南亚国家贸易方面的合作可以借助于中国—东盟（10+1）自由贸易区。在投资方面，东南亚国家一直是吸引中国直接投资最多的地方，投资方向主要集中在矿业、电力、基础设施等领域。以电力为例，截至 2013 年，东南亚依然有超过五分之一的人口缺乏电力供应，因此双方在这一领域合作仍大有可为。并且除了贸易和投资领域以外，中国和"一带一路"沿线上的东盟国家还可以在更深层次的领域合作，尤其要在共同构建一个稳定的国际经贸合作机制方向上努力。中国和东盟国家之间的经济互动普遍紧密，这也主要源于中国—东盟自贸区的建立。

自贸区的建立使得生产要素可以自由转移，而市场竞争程度越高，经济的资源配置也就越处于最优状态，并能够使得区域内国家获得收益。所以，应考虑如何将"一带一路"沿线国家纳入一个稳定的国际经贸合作体系中，使中国和沿线国家之间的经济互动关系更强。笔者认为应从以下两个方面努力。

第一，对于现阶段已经存在的自由贸易区，我们应加深现有自由贸易区的区域一体化的紧密程度。区域经济一体化程度按照市场融合和紧密关系程度，可以分为六类。紧密程度最低的是优惠贸易安排，其次是自由贸易区、关税同盟、共同市场、经济同盟，紧密程度最高的是经济一体化。从现阶段来看，中国—东盟自由贸易区的紧密程度属于第二类，即贸易区内各成员国之间清除了贸易壁垒并废除了关税，商品可以在区域完全自由流动，但是成员国之间并没有建立对外统一的关税，比如欧洲经济共同体那种具有关税同盟性质的贸易区。所以，在未来，随着中国和东盟国家经济互动的加强，已有的中国—东盟自贸区完全可以在关税同盟、共同市场，甚至是货币联盟的方向努力。如果最后可以达到像欧盟那种一体化级别的共同体，共同体内部国家一定能实现互利共赢、共同发展。这也符合我们“一带一路”倡议的最终目标，即建成一个涵盖所有沿线国家的全球开放型经济体系。

第二，对于现在还没有和中国有自由贸易关系协定的沿线国家，应通过政府谈判，从降低关税和消除贸易壁垒的层次去和这些国家合作。一些已有的非贸易类型的区域合作机制或多边合作平台可以直接拿来利用或者加以借鉴改变成为新的区域合作形式，这些区域合作组织能够为“一带一路”建设提供重要的机制支撑。以上海合作组织为例，上海合作组织更多关注的是政治和安全等方面的课题，我们为什么不能借助这个平台将上海合作组织的关注课题扩展至贸易，甚至是经济一体化的方向呢？上海合作组织的成员国基本都是“一带一路”沿线国家，如果中国以这个平台作为基础和成员国进行谈判，并最后达成协议，最终会让区域内所有国家都受益。

第三节 “一带一路”倡议的道德风险与应对措施

“一带一路”倡议标志着中国从参与全球化到塑造全球化的态势转变。伟大的事业总要面临风险，“一带一路”在面临政治、经济、法律等风险的同时，也需应对来自国家、企业、个人三大层面的道德风险，影响政策沟通、贸易畅通、设施联通、资金融通、民心相通等“五通”，应予以高度重视。“一带一路”所面临的道德风险，同传统经济学领域内的道德风险相异相通，意指双边行为中言行不一、损人利己等行为，同时具有主体层面的多元性与影响层面的多样性两个特点。对于此类风险的应对，应从观念、机制、实践三方面入手，在继承传统丝路精神的基础之上，促使民心相通，使道德风险趋于减少，并以此为契机逐步推动“一带一路”建设的顺利开展。

一、“一带一路”道德风险的内涵与表现

由中国国家发改委、外交部和商务部联合发布的《推动共建丝绸之路经济带和21世纪海上丝绸之路的愿景与行动》宣告“一带一路”进入了全面推进阶段，文件中突出了“民心相通”的重要性。民心，作为沿线国家民众对我国政策认可合法性的重要来源，攸关丝路建设的成败。如果透过民心表层，在很大程度上，民众潜在的道德因素发挥了重要作用。对于道德风险的理解与把握，有利于我国“一带一路”建设的顺利开展，同时有利于其他层面问题的解决。

1.“一带一路”道德风险的内涵

道德风险（moral hazard），在其一般意义上主要同经济学相挂钩，由西方经济学家在20世纪80年代提出。从经济学角度来讲，“道德风险”主要是指经济主体在经济活动中为实现自身利益最大化而置基本的经济伦理与商业道德于不顾，以致可能做出损害他人和社会公共利益的行为。简言之，道德风险是一种典型的损人利己、见义忘利的行为。可见，在经济学领域，道德风险同“机会主义”密切联系在了一起，即出于“经济人”假设，各方主体在追逐利益的过程中损害他者利益，导致内部失衡，引起道德风险。若将经济学领域的道德风险进行拓展，同我国“一带一路”倡议相衔接，不难发现两者的异曲同工之处。在国际社会上，国家作为独立的行为主体，同市场上的“经济人”一般，努力实现自身利益的最大化。然而“一带一路”沿线各国经济发展差异巨大，特别是中亚、北非等区域国家基础设施不够完善，加之中东等区域内部局势不稳。在此背景下，难免出现某些国家为谋求自身利益的实现，借力“一带一路”，实则口惠而实不至，言行不一，损人利己，从而造成道德风险，影响我国“一带一路”的建设。例如，目前中国在非洲的援助被西方国家曲解为“新殖民主义”，这必然会影响非洲国家对我国的客观认识，而且很有可能受西方国家的驱使从而中断现存合作，是我国面临的道德风险。同传统经济学领域不同的是，我国在“一带一路”建设的过程中所面临的道德风险具有主体层面多元性以及影响层面多样性两大特性。

（1）主体层面的多元性。在我国建设“一带一路”的过程中，以“五通”为主要手段，而“五通”涉及政府、企业、民众三方关系，并将国家、市场以及社会三方紧密联系在一起。因此，在“一带一路”建设过程中，道德风险的主体具有多元性特点，包括国家层面的信誉、企业层面的信用以及个体层面的信任。具体来看，国家、企业以及个体之间相互影响，牵一发而动全身，“孤掌而鸣”的现象是不常见的。因此，我国在政策推进的过程中应审慎处理三者关系，分清主次，稳住阵脚。

（2）影响层面的多样性。在我国推进“一带一路”建设的过程中，所面临的风险不仅仅局限于道德风险，在地缘政治、传统（非传统）安全、经济、法律等诸多领域同样面临威胁。然而道德风险的出现很容易诱发其他层面的威胁。也就是说，道德风险并不是孤立存在的，“五通”的每一个层面都存在一定程度的道德风险。因此，对于道德风险的分析不应该仅仅局限于道德本身，应透过本质分析其背后的政治、经济、文化等因素以及其对于“五通”建设的连锁性影响，在风险协调上“双”管齐下，治标治本。可见，“一带一路”建设过程中所面临的道德风险同传统经济学意义上的道德风险相异相通，其超越了传统概念上对于经济利益的追求，上升至国家层面，并进一步向企业、民众渗透，而道德风险的解决程度则同“五通”的实现密切相关，面对如此复杂多变的形势，我国需妥善应对。

2.“一带一路”道德风险的表现

上文指出，“一带一路”道德风险具有主体层面多元性的特点，因此笔者将按照国家、企业、个人的逻辑，从宏观到微观逐一分析，力图探求不同层面道德风险出现的原因机制及其表现形式，从而全方位地阐释此风险内涵。

（1）国家层面的信誉

在我国“一带一路”推进的过程中，政府的作用毋庸置疑。我国将国家作为战略的实施主体，通过同不同国家之间政府层面的合作实现“一带一路”的协同推进，即一国能够遵守国家之间的规定并监督其执行。在此背景下，沿线国家能否信守同我国政府达成的关于“一带一路”建设的承诺，保持良好的信誉，对于“一带一路”的建设至关重要，因为这关系到“一带一路”其他各方面分支脉络的建构。但是，“一带一路”沿线国家面临三重影响，即大国博弈、双边争端以及国内局势的影响。同时，三方力量相互交织，发挥作用，从而导致国家层面的信誉受损，引发道德风险。

①大国博弈。“一带一路”沿线覆盖的诸多区域由于其资源丰富，同时具有重要的地缘政治意义，因此成了各国角逐的重要场所，域内各国有可能受其他国家政策的影响，产生偏斜，从而使得“一带一路”建设受挫。我国的“一带一路”倡议在诸多区域同其他国家政策存在重合之处，我国应努力寻求同各国政策的共通之处，通过对话交流的形式寻求最大公约数，以求各现存政策的协同推进。但是，作为当事方的沿线国家，很有可能利用这一多方参与的有利态势谋求自身利益的实现，但在关键时刻违反协定，影响我国“一带一路”建设的推进。

②双边争端。此处双边争端主要指的是我国同沿线国家由于历史争议，领土、领海争端影响双边关系，继而对“一带一路”的建设造成影响。对于双边争端问题，还应考虑到两种情形，即域外国家的干预以及沿线国以此为柄胁迫“一带一路”建设。目前东亚国家形成了“经济上依靠中国，安全上依靠美国”的局面，这使得东南亚国家易受美国唆使，同时借主权争端说事，曲解了“一带一路”的本质，从而违背国家信誉，引发道德风险。

③国内局势。“一带一路”沿线区域诸多国家目前经济发展落后，域内形势动荡，影响到了“一带一路”建设的连贯性。具体来看，域内国家多为发展中国家，受国内社会阶级矛盾、民族宗教问题等复杂因素的影响，这些国家一般实行政党政治，但部分国家由于朝野斗争，政局存在脆弱性和不确定性，缺乏共同归属感，导致重要的内政外交政策缺乏延续性。

（2）企业层面的信用

“一带一路”倡议将基础设施建设作为重中之重，作为一项经济发展倡议，同企业的关系密不可分。从这个意义上讲，“一带一路”应该是政府搭台，企业唱戏，政府通过对外合作与投资，建设基础设施，最终的目的还是为了企业能够“走出去”，承担起继续建设丝绸之路的重任。因此，在“一带一路”推进的过程中，我国企业不可避免地会同沿线国家企业之间进行合作，但是由于企业作为一种经济实体以盈利为目标，因此沿线国家企业能否保持良好的信用，同我国企业之间开展实效性合作，对于“一带一路”的顺利建设意义重大。由于我国企业面临内外双重挑战，导致企业层面的信用难以真正保证，从而易形成道德危机，影响“一带一路”建设。一方面，从内部来看，我国企业在“走出去”方面经验不足。首先，我国企业缺乏价值共识。以环保意识为例，在官方发布的愿景中，将“绿色丝绸之路”作为重要目标，指出企业在沿线国家开展基础设施建设的过程中应注重生态环境的保护。然而，我国企业由于长期受粗放型经济发展模式的影响，在环境保护方面意识薄弱，因此易受到对象国的打击。例如，在中缅密松水电站的建设过程中，缅方以环境保护为由搁置中方的施工，造成了相关企业的重大损失。其次，我国企业缺乏“走出去”的相关经验。中国改革开放的30多年，充分发挥了“引进来”的优势，因此我国企业在如何吸引并利用外资方面经验丰富，然而伴随着“走出去”进程的加快，企业同政府政策之间出现了时效性上的滞后，不能很快适应开拓海外市场，转移优势、过剩产业的要求，经验的缺乏导致自身竞争力的削弱，难以抵御沿线本土国家企业的打击。除此之外，我国企业同政府之间的对接力度需要加强。也就是说，企业应将政策落到实处，政府应发挥其为企业域外建设提供便利、保驾护航的作用。例如，中国信保积极发力，助力企业域外“一带一路”建设，产生了诸多积极效用。中国信保以官方出口信用保险机构的身份介入项目投保过程，帮助企业获得外国政府、企业、业主和银行的信任，进而助力企业成功开拓海外市场，帮助外方获得更加优惠的融资条件。由此可见，良好的对接有利于我国企业增强应对沿线国家道德风险的能力，在实施力度上应该予以进一步强化。另一方面，从外部来看，沿线国家企业相对于我国企业具有比较优势。如上文所述，道德风险发端于经济领域，因此将其作为模型用来分析企业行为具有可行性。企业出于成本的考量与利益的追求，易违反交易原则，做出损人利己的行为，从而引发道德风险。具体来看，“一带一路”沿线的许多国家并未加入世界贸易组织，因此在贸易政策上受到的限制小，从而给予了其国内企业巨大的发挥空间，加之上文所指出的中国企业的脆弱性特点使得其应对乏力。除此之外，我国企业同沿线国家内部企业相比，在信息上并不占优势，即“信息的不对称性”。“不对称性”是指沿线国家内部企业对于其国内经济政策的把握、经济发展趋势的预测、经济管理规章制度的理解远远高于我国企业，因此在展开合作的过程中，我国企业有可能面临为他人栽树乘凉而不知的窘境。同时，加之企业合作多以基础设施建设为主，投入大，见效慢，因此在短期内我国企业有可能难以意识到这一问题而使得道德风险发生的可能性进一步上升。

（3）个人层面的信任

人的行为总是受自身的利益所支配的，每个行为的背后都有一定的目的和意义，即每个行为总是追求一定的结果。由于社会生活的复杂多样，人们的行为并不总是和人们的预期相一致，这样就形成了人们行为的不确定性，即人们的行为并不一定总带来好处，同时具有一定的道德风险性。在我国“一带一路”倡议实施的过程中，个人层面的信任有助于其持续性稳定建构，然而在实际操作过程中，我国“一带一路”建设却面临来自领导团体与普通民众两个层面的个体道德危机。一方面，从领导团体角度来看具有引发道德危机的可能性。首先，作为政府领导者的当权者有可能由于党派斗争抑或其他原因而下台，难以保持政策的稳定性，进而影响我国“一带一路”倡议的实施。例如，我国同斯里兰卡的海港城项目建设由于其国内领导人的更换而陷于停滞，使我国蒙受损失。同时，如果一国领导人过于强硬，难以接受我国的倡议，同样会对我国政策的实施造成影响。其次，作为企业领导者的法人代表而言，由于其为“经济人”，很有可能出于对利益的追逐，对政策加以曲解利用，使“一带一路”建设成为其谋利的工具，违反双方规定，造成道德风险。另一方面，就普通民众而言，如果民心相通不能及时落实，同样会产生道德风险。以商人群体为例，伴随着“一带一路”建设的全面开展，很多原来没有经商经验的人希望借此来华经商，或在本国与中国进行贸易往来。在官方文件中，我方明确指出中国欢迎各国企业来华投资，“一带一路”建设的开展很可能带来对华投资的又一热潮。但是，这些投资者可能不懂汉语，缺乏在华经商的经验，也可能小本经营，抗风险能力差，因此不排除在华经商受损的可能性。这就有可能造成此类人群对华认同不够，散播不利于我国的言论，而身处国内的民众则很容易受他们想法的影响，不能形成对我国客观的认识。因此，我国需重视在中国国内经营的外国友人，在办理手续、贷款、营销方面尽可能地予以帮助，在发展内外贸易的同时力求讲好中国故事，提升中国形象。除上述的“一带一路”沿线国家内部个体影响“一带一路”建设之外，我国民众的境外形象同样有可能引发沿线国家民众道德风险的产生。例如，伴随着中国经济的发展，我国出境游人数不断增加，中国人以个人身份出境成为代表我国形象的重要名片，而官方文件中也将加强旅游合作，扩大旅游规模作为重要任务，推动实现民心相通。在此背景下，如果中国公民在“一带一路”沿线国家做出不文明行为，将会影响沿线国家民众对中国的看法，加之西方“中国威胁论”等言论的影响，沿线国家民众难以形成对华的正确认知，也就难以形成对“一带一路”倡议的支持，从而引发道德危机。除此之外，肩负着“一带一路”建设使命出国的建设者，也可能由于思想认识水平不高，工作方法不对，不能充分地尊重当地的风俗习惯，有意无意妨碍民心相通，造成道德风险。

二、“一带一路”道德风险的应对措施

上文中，笔者从国家、企业、个人三个层面对“道德风险”的表现形式进行了阐释，可见其涉及主体多，表现形式多样，影响范围广。对于道德风险的解决，需要我国缜密的思考与设计。笔者将从观念、机制、实践三个方面，探求问题解决之道。

在观念层面，坚持“和平合作、开放包容、互学互鉴、互利共赢”的丝路精神不变，在共商、共建、共享的基础之上，打造共同体意识，实现互联互通。“打铁还需自身硬”，而观念层面的不断深化与发展则是夯实自身的基础，同时也是应对“中国威胁论”最强有力的舆论武器，有利于解释和澄清我国立场。面临诸多道德风险，我国首先应同各国坦诚相待，传递“一带一路”空前开放与包容的理念，以平等真诚的态度，促使问题的解决，实现彼此的互惠共赢、协同发展。古人云，“国之交在于民相亲，民相亲在于心相通”，丝路外交在传递我国观念的同时，最为重要的就是促使“民心相通”的实现。当一个政策具有了民意基础，无论是何种风险，地缘风险、安全风险、经济风险抑或本书所论述的道德风险，都将迎刃而解。同时，观念层面的夯实与传递同样是对西方“中国威胁论”强有力的回应。世界养育中国，中国回馈世界。当各国理解到中方力图分享自身发展红利，实现区域平等互利、共同繁荣这一深刻用意之后，受西方影响所产生的对我国的倡议的猜疑必将削弱，这就为道德风险的解决提供了机会与空间，如中方能顺势而为，必将形成“一带一路”建设的新局面。

在机制层面，应针对“道德风险”加强预警机制保障，为道德

风险的解决提供强有力的政策支持。一方面，应完善相关规则。许多道德风险的出现，特别是企业道德风险的出现是由于规则的缺失，而合理的规则是“一带一路”双方企业开展贸易、展开合作的前提。对于缺少规制的合作领域，政府应主动牵头，通过对话谈判的形式，公平合理地同沿线国家制定规则，并共同监督规则的实行。同时，对于现存的、符合社会发展要求的良好规则，我方应予以支持与拥护，并将此规则作为行动的指南；对于过时的、不符合社会发展要求的规则，我方应与时俱进，结合新的时代形势，推动规制的修订。另一方面，当面对道德危机时，我方可以寻求现存的国际机制的调解，通过“第三者”抑或“跨国仲裁机构”寻求问题的解决。例如，在贸易争端领域，可以充分发挥世界贸易组织在维护贸易秩序、推动贸易合作方面的积极作用。同时，在国内加强对口部门同我国域外企业的对接力度，上文所提及的中国信保就是很好的例证。除此之外，在着手开展“一带一路”建设的过程中，应结合不同地区的实际情况，建立预警机制，从而有针对性地对危机进行预测、侦查，在危机时刻做好协调，增强危机管理的能力。

在实践层面，应该从三个方面入手，协同推进，即协调好大国关系，处理好双边争议，发挥好外交优势。

①协调好大国关系。如上文所述，各大国之间的博弈对于沿线国家的政策选择具有重要影响，因此我国应妥善处理同各国之间的关系，通过对话的形式深化政治互信，寻求同各国政策的利益契合点，共同推动区域的繁荣，助力“一带一路”建设。对于美国，我国需应对其政治与经济的双重战略围堵。中方可以通过中美新型大国关系建构化解美国的战略疑虑，推动美国政府更新观念，转变看法，引导、塑造美国认识，使之朝向有利于、至少不妨碍或少妨碍“一带一路”建设的方向发展。对于俄罗斯，中方应化解其战略猜疑，在具体规划、实施中，需要中方始终考虑俄方利益，通过中蒙俄经

济走廊扩大彼此政治共识以及经济合作，寻找丝绸之路经济带项目和欧亚经济联盟之间可行的契合点。对于印度，针对印度不合作的问题，中方应致力于寻求印度的支持。印度对中方的不支持很大程度上来自于其大国心态与安全关切，中印可效仿中日 21 世纪友好委员会机制建立中印 21 世纪友好委员会，加强战略磋商、地方交流，推动民间智库联系，探讨中印在印度洋、南海合作开发、经营的可能性。对于欧洲，中方应尽可能争取。“一带一路”并非我国单向推，终点站是欧洲，需要西头来主动对接。尤其是要借助欧洲运筹好中美俄大三角关系，调停乌克兰危机。以中欧新型全面战略伙伴关系推动中欧海洋合作、第三方合作、网络合作，共同致力于“五通”的实现，管控“一带一路”风险。

②处理好双边争议。同各国争议问题的解决首先应处理好同域外大国的关系，避免其战略搅局。目前来看，主要的争议集中于我国周边地区。在我国总体的外交布局中，周边被放在了首要位置，良好的周边环境是我国“一带一路”倡议推进的大前提。在处理同周边国家领土、领海争议的过程中，我国应坚持“搁置争议，共同开发”的原则，以亲、诚、惠、容的理念同各方进行平等交流，实现睦邻、安邻、富邻的目标要求。争议，在所难免，但争议并不意味着合作的完结，而“一带一路”构想为周边外交的下一步开展提供了新的思路。

③发挥好外交优势。在之前的论述过程中，不难发现，道德风险存在于政治、经济、社会民众诸多层面，针对这一问题，我国可以借力寻求外交机制的保障。例如，通过首脑外交深化政治共识，深化同沿线国家的政治互信，保证沿线国家信誉的实现。又如，可以通过经济外交的形式，为我国企业的“走出去”创造良好的域外环境，寻求沿线国家政策上的支持与沿线国家企业的积极参与。同时，中方也应该主动地推动国内市场的开放，在展现自身诚意的基础之

上逐步推动问题的解决。除此之外，公共外交作为深化沿线国家民众对华了解、培养沿线国家民众政策认同的重要外交形式，也应予以深化，民心相通的逐步实现，也就意味着道德危机的缓和。道德危机的解决，绝非一蹴而就，但当我国在寻求问题解决的过程中以观念为基、规制为盾并将其统一于实践的过程中时，伴随着民心相通、企业相融，道德风险将在一定程度上得以缓解，“五通”将逐步实现，而“一带一路”倡议也能得以传播发扬，为世界的繁荣发展留下浓墨重彩的一笔。

第二章　我国海洋文化发展的现状及战略研究

第一节　我国海洋文化发展的需求与国内环境

一、我国海洋文化发展的需求性分析

我国确立了海洋强国的战略目标，为了实现这一宏伟目标，需要大力发展各项海洋事业，提升海洋综合国力，海洋文化作为海洋综合国力的重要组成部分以及影响海洋国家竞争的关键因素，其发展理应得到足够的重视。海洋世纪呼唤海洋文化，我国社会主义的各项建设和各方面发展以及参与国际竞争都需要海洋文化的发展。

1. 我国社会发展对海洋文化的需求

法国经济学家佩鲁曾强调："文化价值对社会发展具有决定性意义！"海洋文化，就是和海洋有关的文化；就是缘于海洋而生成的文化，也即人类对海洋本身的认识、利用和因有海洋而创造出来的精神的、行为的、社会的和物质的文明生活内涵。海洋文化几乎涵盖了社会的各个领域，包括物资的、制度的与精神的，涉及社会生活的各个方面。因此，海洋文化的影响也存在和渗透在社会生活的各个领域。对一个国家或地区尤其是对海洋国家或地区来说，海

洋文化可以对其国民心态、价值取向、审美观念、精神风貌等各方面产生影响，从而影响其生产生活方式、城市港口建设、产业结构布局，进一步对其发展目标的设定、发展模式和道路的选择甚至国家体制的创新等产生重大影响。我国改革开放30多年以来，各项建设如火如荼，社会主义事业蓬勃发展，并在经济、政治、社会、文化等领域取得了举世瞩目的成就。但是，在新的国际国内局势背景下，面临进一步深化改革开放的形势，建设海洋文化和开展海洋文化学的研究，将有助于形成新的思维和观念，以推动改革开放事业的进一步发展。同时，在全面建设小康社会的新的历史任务下，需要改变传统单一的经济增长模式，不能再像以前一样只重视经济增长而忽视人文关怀。在海洋世纪的背景下，需要整个国家和民族建立文明的海洋观念，推动世界海洋和平发展，更加注重以人为本，通过弘扬先进的、与时代相符的现代海洋文化，增强民族凝聚力，重塑海洋大国的自信心，为维护社会稳定及构建和谐社会发挥不可忽视的作用。

2. 我国经济发展对海洋文化的需求

我国是世界上最大的发展中国家，同时是世界上人口最多的国家，改革开放30多年来国家一直将经济增长作为首要目标，可惜在物质财富不断积累的过程中忽视了精神财富的积累，精神文明建设极大地滞后于经济增长，出现了经济与社会发展不协调的局面。同时，资源的日益减少、生态环境的不断恶化以及人口膨胀等一系列问题让国家和人民感到单方面追求经济增长速度是不可取的，必须做到经济建设与人文社会同步协调发展。在当今世界由陆上战略转为海上战略的形势下，发展海洋经济需要有一套正确的海洋观念、海洋意识、海洋精神等作为指导。海洋文化为海洋经济确立了明确的发展方向和目标，使海洋经济的发展具有了自觉性和预见性。因此，海洋文化对我国海洋经济的发展具有重要作用，是实现海洋开发必不可少的重要手段。具体来看，我国海洋经济发展过程中对海洋文化的需要主要表现在以下几个方面：

（1）我国海洋经济的发展离不开海洋文化的支撑

佩鲁认为，任何发展目标与发展环境都与文化环境有着密切的关系："企图把经济目标同他们的文化环境分开，最终将以失败告终，尽管有最为巧妙的智力技巧。如果脱离了文化基础，任何一个经济概念都不能得到彻底的思考。"人们开发和利用海洋的过程，同时也是创造海洋文化的过程，海洋经济的发展始终离不开海洋文化中的人文特性，一旦缺失了文化基础，经济的发展将不能长远。

（2）海洋文化为海洋经济的发展提供智力支持、精神动力以及价值导向

首先，海洋文化对经济的影响源自于海洋文化所赋予沿海地区人民的开拓进取、敢于冒险的一种精神气质，它体现在沿海地区人民生产生活的方方面面，这也是海洋文化的本质特征所在。改革开放以来，我国各沿海地区的经济发展一直处于全国领先水平，沿海各省份的国内生产总值（GDP）总量、增长速度都排在全国省份的前列，除了其优越的地理位置和丰富的海洋资源外，在很大程度上取决于沿海地区人民努力拼搏的海洋文化精神，充分体现了海洋文化对海洋经济的带动作用。面向海洋，开发海洋，早已成为中国沿海地区人民的共识。其次，海洋文化可以帮助我国广大民众树立正确的海洋意识和海洋观念，引导我国海洋经济的发展方向，探索适合我国海洋经济发展的战略模式，从而指引海洋开发利用向着有利于我国社会主义建设的方向发展。最后，海洋文化还可以为我国经济的发展提供相关的科学技术及法律等方面的支持。各类海洋科研科考活动，海洋新技术的开发，海洋相关法律法规的制定以及海洋人才的培养，为经济的持续发展提供了有力的保障。总而言之，海洋文化为海洋经济提供了精神动力、智力支持和价值导向。

（3）海洋文化作为一种文化资源，其自身就是一个经济增长点

海洋文化中许多物质的和非物质的文化要素为海岛和沿海地区发展旅游业和海洋文化产业提供了良好的基础和先天的优势。我国几千年的海洋文化历史，形成了丰富多彩的海洋文化景观，为中国海洋旅游业的成功发展奠定了良好的发展基础。近年来，滨海旅游业产值持续平稳增长，在 12 类主要海洋产业中的产值比重达到了 1/3。海洋旅游业已经成为中国海洋经济中的重要组成部分。我国沿海地区风格迥异、丰富多彩的海洋文化资源如果得以充分开发与利用，大力开发海洋文化旅游，发展海洋文化相关产业必将创造出巨大的经济价值。

（4）海洋文化可以改变海洋经济结构，并解决海洋经济中出现的一些问题

目前来看，尽管自改革开放以来我国的海洋经济总产值每年以超过 10% 的速度增长，并且总量已经达到相当规模，但相对于整个国民经济总体来说，其规模还不够，所占比重偏小。同时，我国的海洋产业还存在许多问题和不足，尤其是海洋产业以粗放生产为主，三次产业发展不协调，海洋第二产业比重相对较大，而第三产业相对较小。海洋文化的发展将更好地规划海洋经济的增长方式，转移重点，逐步改变海洋经济粗放增长、总体比重低、产业结构不协调这一状况，海洋第三产业比重的增大逐步让海洋经济结构向着合理的方向转变。此外，在海洋开发方面，过度开发海洋资源，如过度捕捞渔业资源、过度开采海底油气及矿产资源等；近年来海洋生态破坏和环境污染等问题也日益严重。海洋文化的发展及其在民众中的普及不仅让人们更加关注和重视海洋，同时也让普通群众、企业界及政府部门开始正视海洋开发中的问题，随着人们海洋生态观念的增强，过度开采、过度捕捞及海洋污染等问题将得到有效控制。

3. 我国政治及国防安全对海洋文化的需求

我国有着300多万平方千米的海上国土，沿海地区在我国拥有重要的战略地位。据统计，沿海地区人口占全国43%以上，大中城市数量占全国城市的一半左右，国民生产总值更是占到全国的2/3左右；沿海地区还是我国企业、科研院所、高等院校等最密集的地区，同时也是我国科技最发达、创新能力最强、投资环境最好的重要高新技术产业和工业基地。可见，沿海地区与海洋已经成为我国经济发展、国家安全甚至未来生存与发展的命脉。因此，我国外向型经济、进出口贸易、海洋产业所依赖的沿海开放城市、经济特区、各类港口设施、海运航线以及我国进行各类海洋资源勘探开发的专属经济区都需要有一个安全稳定的政治环境，这是经济发展的必要前提。大力发展海洋文化，宣传和树立“和平海洋，和谐海洋”的理念，保持海洋的长期和平与稳定，为我国经济社会的发展提供一个良好的内外部环境至关重要。然而，我国沿海及海上周边环境并不显得“风平浪静”。近年来，我国与周边国家的海上纷争不断，我国与日本在钓鱼岛归属、专属经济区划分及海洋资源（如东海油气田）之争，同时，与韩国苏岩礁之争、南海岛礁问题以及美国在我国海域周边不断进行的军事演习、非法活动等一系列海洋纷争问题，不仅严重侵害了我国的海洋主权和海洋利益，还可能为我国现有的海洋事业的发展带来安全隐患，不利于我国海洋开发事业的顺利进行。

在上述形势下，大力推动我国海洋文化的发展，加强我国海洋意识、海洋观念、海洋思维在广大民众中的普及和宣传，在国民中形成统一、团结的中华民族海洋价值观，增加民族凝聚力，为海洋发展提供稳定的国内环境和强有力的民众支持。同时，大力推进我国海洋文化建设，让“和平海洋”的理念深入人心，并在周边及世界范围内产生更加重要的影响，将中华民族爱好和平、追求互利共赢的和谐海洋理念和海洋文化精髓逐步推向世界、影响世界，为解决我国海洋争端提供广阔的舆论支持，让有争端的国家“搁置争议、共同开发”，通过和平方式解决争端，为我国海洋事业的发展开创和平稳定的国际环境。当然，尽管我国始终坚持和平共赢的海洋发展道理，主张通过和平对话的方式解决海洋争端，但这并不意味着我们要放松警惕，我国与周边海洋国家的海岛、海域纷争随时有可能升级，同时还面临着某些西方国家的蓄意挑衅。此外，海外贸易通道安全隐患等这些都需要强有力的国家实力特别是军事实力做后盾，军事实力的发展同样离不开海洋文化的支持，海洋文化作为包括军事实力在内的综合国力竞争的实质，同样为军事发展提供精神动力和智力支持。

4. 我国参与国际竞争对海洋文化的需求

海洋文化的发展状况和海洋文明程度的高低关系到一个国家、一个民族的兴衰荣辱，直接决定着一个国家社会文明程度及其进步的走向。古今中外的史实说明，凡面向海洋、重视海洋、大力发展海洋的国家，都能强国兴邦；反之，则落后挨打。昔日的海上强国葡萄牙、西班牙、荷兰、法国，强大的“日不落帝国”英国，以及第二次世界大战后两个超级大国苏联和美国，走的均是海洋强国之路。当今的世界，人口、资源、环境这三大问题变得日益突出起来，各国纷纷把战略重点转向海洋的同时也加剧了国际竞争，在经济全球化、政治区域化以及军事集团化背景下，各大国纷纷制定本国的海洋战略，积极参与海洋国际竞争，海洋国际竞争也由历史上单一的军事竞争变为现在包括经济、科技、军事等“硬实力”和社会制度、意识形态和文化等“软实力”在内的综合国力的竞争，而海洋综合国力竞争的实质就是各国之间海洋文化的竞争。因此，我国进入海洋世纪，参与海洋国际竞争，就需要海洋文化来对海洋世纪的理念进行阐释和宣传，突出海洋的地位和作用；需要海洋文化来引导正确的社会舆论，让全体民众重新认识海洋、关注海洋、重视海洋，树立正确的海洋价值观。导致海洋国际竞争开始的往往是各国际海洋大国的海洋意识、海洋观念和海洋思维等海洋文化因素，它们影响着海洋大国的海洋战略和海洋政策。也正是这些海洋文化因素左右着海洋国际竞争的格局和发展态势，从而最终决定着海洋国际竞争的发展方向。可以说，海洋文化在海洋国际竞争中发挥着关键的支撑作用。因此，进入海洋世纪，我们必须重视海洋文化的发展，尤其需要从文化理念上强调其全部内涵、民族特色和整体功能，积极发挥海洋文化在综合国力竞争中的支撑作用。在海洋国际竞争日趋激烈和白热化的趋势下，各海洋国家纷纷加强本国海洋文化建设，我国作为海洋大国，要在21世纪的海洋竞争中抓住机遇、抢得先机，就必须发展和完善我国海洋文化建设，这不仅是解决我国人口、资源、环境问题、维护国内长期和平与稳定问题的有效手段和途径，更是增强我国综合国力和海洋竞争能力的关键因素，“海兴国兴，海衰国衰”，海洋实力特别是海洋文化的发展程度对未来国际竞争起着不可替代的决定性作用。在日趋复杂的国际环境和日益激烈的国际竞争形势下，面向海洋、开发海洋，大力发展海洋文化是我国经济社会长远发展和在国际竞争中取得胜利的必由之路。

二、我国海洋文化发展的国内环境

1. 我国海洋文化发展的政治环境

我国是社会主义国家，国家的长期稳定是经济发展和社会进步的前提和重要保障，安定和谐的政治局面为物质文明建设和精神文明建设创造了良好的环境，国家和社会的安定团结为我国海洋事业及海洋文化提供了一个健康发展的平台。

21世纪是海洋的世纪，中国和世界的发展历史一再证明，背海而弱、向海则兴，封海而衰、开海则盛。以习近平同志为核心的新一代中央领导集体，适应世界发展和时代需求，进一步深化拓展了海洋强国建设的战略思想，号召全党全国人民要进一步"关心海洋、认识海洋、经略海洋"，并提出了"依海强国、依海富国、人海和谐、合作共赢"的指导方针，把海洋强国建设推向了新高潮。十九大报告中提出要"加快建设海洋强国"。作为领航中国未来发展方向的纲领性文件，十九大报告已明确表示，中国"绝不会以牺牲别国利益为代价来发展自己"；"中国发展不对任何国家构成威胁。中国无论发展到什么程度，永远不称霸，永远不搞扩张"。由此观之，中国建设海洋强国将始终立足于和平、合作、共赢。

2. 我国海洋文化发展的经济环境

党的十一届三中全会确立了"以经济建设为中心"的根本任务，党和政府把经济发展作为国家发展的首要目标和重要任务。30 多年来，在党和国家领导下，我国的经济发展取得了辉煌的成就，某些方面更是实现了从无到有、从基础薄弱到实力雄厚的跨越。我国的经济总量和人均国民生产总值及人均可支配收入也逐年增加。改革开放以来，特别是中国加入 WTO 以后，我国经济保持平稳较快增长。2010 年我国国内生产总值（GDP）首次超过日本，仅次于美国，成为世界第二大经济体。同时，我国的海洋经济也在不断发展壮大，呈现出良好的发展态势。此外，我国在进出口贸易、外汇储备、吸引外国投资、主要工农业产品产量等方面实现了高速增长，三次产业结构逐渐调整，经济结构不断优化，经济发展前景良好。

良好的经济发展态势和经济发展环境为我国文化事业的发展提供了良好的契机：一方面，经济基础决定上层建筑，经济发展为文化建设提供了必要的物质基础，使文化的繁荣成为可能；另一方面，经济的繁荣增加了对文化发展和文化产品的需求，当一个国家经济发展水平或物质文明达到一定程度时，广大民众将不再单纯地追求物质享受，而将更多地转向精神层面的消费和享受。十九大报告提出，我国社会的主要矛盾已经转化为人民日益增长的美好生活需要和不平衡不充分的发展之间的矛盾。因此，经济的持续发展不仅给文化的发展提供物质基础，其对文化的需求也将成为文化发展的动力。在我国将“实施海洋开发，建设海洋强国”作为国家战略的今天，良好的经济建设环境及经济增长速度将为我国各项海洋事业特别是海洋文化的发展提供保障和动力。

3. 我国海洋文化发展的社会环境

当前的中国正处在从近代一个半世纪以来最好的历史发展时期，虽然当前我国社会上还有许多问题和不足，还有许多的矛盾尚待解决，比如体制还存在一定的弊端，法律制度还不健全不完善，贫富差距在拉大、区域发展不平衡，社会不公平现象时有发生，经济与社会发展不平衡不协调，以及人口膨胀、环境恶化、资源枯竭等问题日益凸现等。但是我们不得不承认，中华人民共和国成立以来，特别是改革开放以后，我国的现代化建设成绩明显、成果喜人。随着改革的不断深入，我国政治上相对较稳定，法制化进程已经开始，市场经济已经初步形成并步入正轨。总体来说，我们现在面临一个非常好的宏观环境，社会安定团结、和谐有序，政治稳定，经济发展迅速，法制体系不断完善，文化自由繁荣，高新技术、尖端科技突飞猛进，并与全球一体化接轨，体现国际竞争能力的综合国力也不断提升。21 世纪的中华大地上，呈现出一片和谐的社会大环境，使我国各项社会主义事业的建设充满了机遇。一个社会的发展与进步，伴随着物质财富和精神财富的不断创造与积累，都会催生新的文化现象，对此种文化现象的总结和积累，则是新思想孕育的底蕴。作为小康社会建设的重要组成部分，文化建设的重要性受到党和国家领导的高度重视，在全民积极参与配合的社会大环境下，我国的公共文化服务体系将得到切实加强，人民基本文化权益必然会得到更高水平的保障。在建设“海洋强国”的强大感召下，海洋文化作为我国社会主义文化的重要组成部分，越来越受到全社会的关注与重视，公民日益增强的海洋观念、海洋意识为海洋文化的建设创造了良好的社会氛围和有利条件。

4. 我国海洋文化发展的技术环境

中华人民共和国成立以后，特别是改革开放以来，党和国家领导人十分重视科学技术对我国社会主义现代化建设和国际竞争力的重要性，邓小平同志指出“科学技术是第一生产力”，科教兴国战略也成为我国的基本国策之一。在国家高度关注和大力推进下，以及广大民众积极参与下，我国的科学技术事业发展蒸蒸日上，并且在引进、吸收、消化发达国家先进技术的同时越来越重视技术创新。伴随着经济的不断发展，我国的科技实力也在不断增强。目前已经达到世界先进水平，在某些领域甚至处于国际领先地位。同时，在我国积极开发、利用海洋，实施海洋战略的今天，国家同样重视海洋技术的发展。“经济发展，技术先行”，在政府主导下，我国的海洋科学技术取得了长足的进步。在当代，技术在与经济、文化的互动中发挥着越来越重要的作用，科技实力与科技创新对经济和文化的发展起着至关重要的作用。我国各项技术的发展和科技创新的深入为我国海洋文化事业的建设提供了强有力的技术支持；海洋技术改造了传统的海洋产业，引领了新兴海洋产业的形成和发展，也成为新兴海洋文化产生和发展的动力和源泉；海洋技术的发展使海洋文化遗址的深度挖掘和保护成为可能，港口及海港城市的建设、海洋生态环境和海洋污染问题的解决、古代海洋遗址的发掘和保护等变得更加容易；海洋技术的发展为人们提供了了解海洋、认知海洋的更好的途径和平台，强化了海洋意识、海洋观念；科技创新特别是高新科技的发展如网络技术、数字技术、信息技术的发展为海洋文化的普及和传播提供了便利，同时也为海洋文化产业的进一步发展、对提高海洋文化产品的科技含量及文化创新与传播方式都提供了难得的机遇和有利条件。总的来看，我国科学技术的实力在不断增强，能够为海洋文化的发展提供强有力的技术支持，但是与西方发达国家之间还存在一定的差距。鉴于技术的发展与创新对海洋文化的发展及其国际竞争力的提升起着关键作用，进一步强化技术发展与创新，通过高新技术来发掘、改造和提升我国的传统海洋文化以及推动新兴海洋文化的形成与发展，是我国海洋文化发展的重要保障。

三、我国海洋文化发展 SWOT 分析

通过对我国海洋文化发展进行 SWOT 分析，明确我国海洋文化发展的内部优势与劣势和面临的机遇与威胁，可以为我国海洋文化发展战略目标的制定及具体战略措施的提出提供参考和指导。

1. 优势（Strength）

我国海洋文化历史悠久，海洋文化资源极其丰富。自古以来，勤劳的中国人民在与海洋的互动中就创造了绚烂多姿的海洋文化，各类海洋神话、海洋传说、海洋文学广为流传，海上丝绸之路、郑和下西洋使我国海洋文化发展一度达到顶峰，为我们留下了宝贵的海洋文化资源和传统海洋文化的精髓。丰富的海洋文化资源为我国发展海洋文化产业特别是文化旅游业提供了条件；同时，长期以来形成的中华民族传统海洋文化是我国发展当代海洋文化的基础，尤其是以“和平共存”为理念的传统海洋文化精髓使我国海洋文化相比于西方的“霸权式”海洋文化更能让世界所认可和接受，更具有影响优势。

2. 劣势（Weakness）

我国海洋文化发展的劣势主要表现在如下几个方面：一是海洋文化内涵不足，尽管我国有着丰富的海洋文化资源，但是在开发利用时缺少深度和内涵，往往停留于表面，比如很多地方大喊口号要建设“文化城市”，却将文化作为一种形象工程，比如在很多沿海

地区，将某些海洋文化资源仅仅作为最原始的旅游景观，而没有深入挖掘其内涵和精神，形成一种“文化气息”；二是由于近代以来我国海洋文化受西方海洋文化冲击，逐渐败落和衰退，加之中华人民共和国成立以来长期忽视，导致海洋文化发展长期滞后，跟不上时代潮流，不能满足民众和国家建设需求；三是我国文化体制不成熟，没有形成海洋文化创新体系，海洋文化创新能力差。

3. 机遇（Opportunity）

海洋大时代的到来为各国海洋事业的建设提供了条件，同时也为各国海洋文化的发展创造了机遇，我国也不例外。21 世纪我国确立了海洋强国的战略目标，海洋国力的提升离不开海洋文化的支撑，在海洋国际竞争中，各海洋国家越来越重视海洋文化的重要性，优先发展海洋文化成为各国的共识，我国同样将海洋文化的发展摆在国家战略的高度，为海洋文化的发展提供了重要的机遇。此外，随着知识经济时代的到来，各国纷纷进行经济转型，希望通过发展无污染、低能耗、高收益的产业来带动本国经济持续发展以及改变以往经济发展的弊端。因此，新兴的文化产业受到各国青睐，在海洋时代，作为文化产业重要组成部分的海洋文化产业更是迎来了难得的机遇。各类海洋文化产业及海洋文化产品的发展，使海洋文化充满活力。

4. 威胁（Threat）

我国海洋文化发展的威胁主要来自两方面：一是西方海洋大国的海洋文化冲击。自地理大发现以来，西方海洋强国就逐渐主导和控制了世界海洋，包括对海洋意识、海洋观念的主导。鸦片战争以来，我国传统海洋文化在西方海洋文化的冲击下逐渐衰落，加上当代重视不够，有消失的危险。同时，当代海洋仍是被所西方强国主导，我国海洋文化发展依然受到压制，特别是在经济全球化这样一个开放的系统内，西方海洋国家大量的海洋文化产品、海洋思想传播影响着我国，我国的海洋文化价值观、本国本民族的海洋文化传统受到冲击，有被同化的危险。二是来自全世界的威胁。在当代，随着海洋重要性的日益体现，世界大多数国家纷纷登上海洋开发与利用的大舞台，在《联合国海洋法公约》的指导下参与海洋国际竞争，中国的海洋文化发展不仅面临着西方海洋强国的压制，更要面对来自世界各国众多对手的竞争与挑战。

四、我国海洋文化的地理特征和意义

海洋文化研究涉及社会的各个方面，因此可以想象人文社会科学的各个领域如哲学、史学、社会学、经济学、宗教、法学、管理学、民俗学、考古学、地理学等都会或多或少地将部分目光投向海洋文化研究。许多从事海洋文化研究的专家学者呼吁创建海洋社会学科体系，把海洋文化作为一门独立的学科。他们认为从各学科自身角度研究海洋文化不利于对海洋文化整体意识进行把握，进而难以总结海洋文化发展运作规律。但必须承认，各人文学科将目光投向有关海洋的研究，这正说明社会整体海洋意识的提高和增强。在掌握一定的海洋文化基本理论知识的基础上，研究人员在自己的学科领域从自己学科的独特视角来分析海洋文化问题，也不失其可行性和科学性。从另一个角度而言，海洋文化研究者所力推的海洋文化独立学科毫无疑问是一门综合性很强的学科，它的发展离不开这些人文社会学科，在海洋文化研究发展的现阶段必须鼓励其他学科对海洋文化研究的兴趣和参与，这必然是对海洋文化研究的丰富。在海洋文化研究领域内或海洋人文社会学科建设研究中，除海洋经济地理被视为地理视角的广义海洋文化研究的一部分，其他从地理视角对海洋文化进行的研究并不多见。

1. 海洋文化的地域性

从地理研究角度而言，任何事物都有地域性的特征，海洋文化也不例外。地域性是海洋文化的一个最主要的特征之一。如果对古文献的涉海研究内容以及现代海洋文化研究内容进行地域划分，可以发现古文献中有燕文化、齐文化、吴越文化、东夷海岱文化、百越文化等，现代研究中突出的有辽宁海洋文化、山东海洋文化（东夷海岱文化）、泉州海洋文化、潮汕文化、闽粤文化等。本节将中国沿海的海洋文化划分为三个区域进行分析，即北部沿海、南部沿海和海岛区域。之所以如此划分，是因为北方与南方不仅在陆域文化上有很大的差异，而且其海洋文化同样也有很多差别，它们都有各自独具特色的本土海洋文化形态。诚然，在保持特色的同时也通过交流而相互影响。海岛作为被海水包围着的特殊陆地，具有与大陆沿岸不同的海洋文化形态，所以也单独加以分析。

（1）北部沿海海洋文化

环渤海与山东半岛是中国海洋文化发源的核心区域之一，是中国北部海洋文化的核心区。古代的东夷海岱文化、齐文化以及由其影响至今而形成的山东海洋文化，另外今河北、江苏、辽宁等地保留和传承发展的海洋文化均可归属于北部沿海海洋文化。北部沿海海洋文化源远流长，其中今天山东东部、江苏北部和河北南部的东夷人所创造的东夷文化可谓是华夏文明源头之一。这些地区考古中发现的北辛文化、大汶口文化、龙山文化和岳石文化等均有着浓重的海洋色彩，这也是为什么东夷文化又被称为东夷海岱文化的原因之一。东夷文化中已经散发出明显的“海味”。①生活方式：东夷人从海洋中获取大量的物质资料以供生活和生产之需，吃海产、用海物做装饰、做工具等，海洋渗透进东夷人的衣食住行之中。②对外交流：东夷人已经开始利用舟楫之便，开始穿越渤海与辽东、朝鲜及日本等进行海上交流。但东夷人在创造海洋文明的同时受内陆文化的冲击和影响很大，这也从一个侧面反映了中国大陆文化一直以来的主导地位。后来的齐文化是对东夷海岱文化的很好的继承和发扬，当时黄渤海沿岸海洋文化相当活跃，虽然最后齐国为秦国所灭，但齐文化中政治分权、兴办工商、利用渔盐、生活上追求华美精致等海洋特质也在历史画卷上留下了闪光的一页，在与大陆文化融合的过程中也影响了内陆文化。在沿海地区人民与海洋关系演变发展的过程中，在古代海洋文化的影响下，今辽宁、山东及江浙一带衣食住行、生活理念、习俗信仰、语言文艺乃至经济、政治等都不可避免地具有海洋文化特色。这些要素在与现代文明冲突调和中最后形成具有区域特色的现代海洋文化，进而成为推动区域发展的精神动力之一。例如，青岛市地处北部海洋文化核心区之内，其文化遗存中有相当丰富的海洋文化内容。包括宗教的传播、本地语言与文学艺术、考古发现及对外交流等，古代的海洋文化精髓融入其现代工业产业发展和现代的精神文明建设中，使青岛成为既具历史文化底蕴，又有现代都会风采和无限发展潜力的魅力型和实力型城市。

（2）南部沿海海洋文化

南方海洋文化主要源于华夏先民族群之一——百越族，创造了百越文化。而现代的泉州海洋文化、潮汕文化、闽粤文化等都是南部沿海海洋文化的代表。百越民族文化源远流长。时间上它贯穿先秦汉数千年，空间上涵盖我国南方大部分地区，对我国南方一带人文社会有着深远的影响。百越人是典型的海洋民族，考古发现的河姆渡文化证明当时百越族人已经可以驾舟出海、捕鱼为生，也是中国海洋文明、蓝色文明的开端。百越文化中有许多文化要素均浸润着浓烈的海洋文化特性。如干栏建筑这种高脚、底层透空不住人的特色民居建筑，在多雨常涝的南方沿海地区甚至环太平洋地区都是相当普遍和流行的；再如白水郎，这是对中国东南沿海闽粤一带生活在船上的水上居民的特有称呼。由此可见百越族与海洋的密切关系。泉州在改革开放的今天在东南沿海地区占有独特的优势，这与其悠久的海洋文化发展历史是分不开的。由于泉州沿海土质不宜耕作，加之开发早，人口稠密，所以粮食和纺织品方面很难自给自足。而以泉州为中心的福建沿海海岸线曲折，多岛屿港湾，其中不少是深水良港。这样优越的地理条件为其海上交通与贸易的发展提供了可能，农耕自然条件的恶劣和航海条件的优良促成了泉州人民选择发展小商品生产和对外贸易来解决温饱问题，并逐渐养成了开拓进取、敢于冒险的海洋精神气质。在对外交往的过程中，泉州人很早就与外民族交流融合，多移民、多侨居使泉州成为中国著名的侨乡，更重要的是这为新时代泉州的发展提供了其他地区难以企及的优势——侨资。自浙南沿泉州、厦门、漳州而下，广东潮州、汕头等闽南语言区，一直都是中国经济较为活跃和繁荣的地区之一，这也是与当地人民所具有的冒险、开拓、进取的精神密切相关的，也是这些地区海洋文化发达的表征。另外，潮汕、闽粤地区的方言、地方戏剧、舞蹈、民俗、建筑等诸多可闻可见的事物中无不透露着海洋文化色彩。

（3）岛屿海洋文化

岛屿是被海水包围的陆地，无论是海洋文化的产生、传播，岛屿均有着特殊的作用机制。岛屿独特的地理特征决定其在海洋文化建设和发展中有独特的意义。我国台湾、海南、浙江舟山、上海崇明、山东长岛、辽宁长海、福建东山、平潭、广东南澳等海岛都有着丰富的海洋文化，有的甚至具有上千年悠久的历史。如南澳和长海分别发现有8000年前和6000年前新石器时期的文化遗址。由数量不多的海岛文化的相关资料分析可看出，不同地区各海岛上的风俗习惯、文化艺术形式、神话传说、宗教信仰及历史演变等均有自己的特色，形成丰富多彩的海岛海洋文化，如舟山有着源远流长的海洋佛教文化色彩，浓烈的海洋民俗文化、璀璨夺目的海洋景观文化等。尤其值得提及的是当地渔民取材于现实而创造的极富海洋气息的绘画作品，由于作品想象丰富，构思巧妙，神情生动，色彩鲜艳，本土文化特色鲜明，而使舟山四县区被称为“中国现代民间绘画画乡”。这不仅是对海洋文化的一种深刻反映，同时也是对海岛海洋文化的发展和丰富。再如海南，海南人民在祖祖辈辈从事海洋性社会生活生产活动的历史过程中产生的海洋风俗、海洋宗教、海洋传说等文化要素与历史上留下的与海南海洋有关的诗词、歌赋、绘画、装饰等共同构成海南特色的海洋文化。除此之外，崇明、平潭、澎湖列岛等岛屿上海洋文化不但有不同于大陆沿海海洋文化的特点，海岛文化之间相比较也是各有千秋。海岛海洋文化与大陆沿海海洋文化相比最大的一个不同之处可能就体现在海岛在军事、海洋经济发展上具有一定的战略意义。从军事上讲，一个自然条件较好、适合驻军的岛屿就是一个海上据点和军事基地，占据这样的一个岛屿则可以直接控制岛屿周围的海域，在海战和现代局部战争中具有攻、防双重战略价值。这在我国一些岛屿上均有所体现，如台湾省的金门岛，位于福建省东南海上，屹立于台湾海峡中，它历来是一个军事要地，是台湾的桥头堡。现在岛上遗留有许多战争遗址，是海岛文化的重要组成部分。再如大连的长海县，地处辽东半岛东侧、黄海北部海域，是大连地区距离日本、韩国最近的区域，也是全国唯一的海岛边境县，其军事战略意义可见一斑。另外，从发展海洋经济的角度讲，向大洋进军的第一步应该放在海岛上，海岛是纵深开发利用海洋的前沿和跳板。海岛经济与海岛文化是紧密相连的，海岛文化为海岛经济发展提供动力，而海洋经济的发展必然带来海岛文化的繁荣。

2. 海洋文化对区域发展的影响

（1）海洋文化影响的广泛性

广义的海洋文化几乎涉及社会生活的方方面面，同样海洋文化的影响也就可能渗透到社会生活的各个领域。对一个国家或地区，尤其是对沿海国家或地区而言，海洋文化可以影响其景观设施、生活方式、民众心态、精神气质、价值取向、审美感受直至发展目标的设定、发展模式的选择、国家体制创新等。以下几个实例可以简单证明海洋文化影响之广泛：

①泉州：海洋文化的特征之一是慕利重商，重商导致泉州“街”“市”等商业空间发达，使泉州成为典型的商业城市；另外在建筑风格上，海洋文化中的热情奔放、积极进取的开拓精神使活泼跳跃的“燕尾脊”和大红颜色在泉州传统建筑中大量运用。

②中国沿海众多带有“海味”的地名，海南、海口、北海、汕头、潮州、海丰、海城、海盐、海陵、宁海、宁波、上海、青岛等都是人们受海洋影响而形成的审美心态的产物。

③随着对海洋文化的认识逐渐加深，全社会的海洋观念和海洋意识日渐增强，从国家到地方均把开发利用海洋作为一项重大发展战略，面向海洋、对外开放、增强交流、不断创新成为沿海发展的必然选择。海洋文化对生活方式的影响可以说随处可见。

（2）海洋文化对区域经济发展的影响

海洋文化对区域经济发展的影响是最易于引起人们注意，并且最显而易见的。海洋文化对经济的影响首先是源于海洋文化所赋予沿海人民的精神气质。海洋文化精神究其实质就是目光远大，勇于开拓进取，敢于冒险犯难，重视商业贸易，能够漂洋过海去创业发展，在价值取向上具有重商主义倾向。我国沿海地区尤其是南方某些省市改革开放以来经济发展水平保持全国前列，这在很大程度上与沿海地区人民的海洋文化精神是分不开的。比如，广州市政府就曾总结和宣扬广州人精神，认为广州人精神包含有开放兼容的人文意识、富有进取的商业意识、讲诚信和拼搏的务实意识及创新和进取的敬业精神等。可以看出这无一不是海洋文化精神的精髓。其次，广义的海洋文化可以为经济发展提供精神动力、智力支持和价值引导。海洋文化可以帮助大众树立正确的海洋意识和观念，帮助寻找适合一个国家或地区的海洋经济发展战略模式，指引海洋开发利用向有利于人的方向发展；海洋文化还可以为经济发展提供科学技术、法律等各方面的支持。最后，海洋文化本身就是一个经济增长点。海洋文化中可闻可见可体味的文化要素是沿海及海岛发展旅游业和海洋文化产业的基础。纯朴的渔家风情、神圣的祭海仪式、雅俗共赏的文化艺术等都是极具吸引力的旅游业和极具深度的文化产业资源。如果这些资源能够得以充分合理地开发利用，必然会创造出巨大的经济价值。

（3）海洋文化传播与交流对区域发展的影响

海洋文化的本质是人与海洋的相互作用。人类的活动不仅限于某一个地方，这就决定了以人海相互作用为载体的海洋文化也不是囿于一隅的文化，人类在依傍海洋居住、生活、迁移的过程中不断地把海洋文化从一域一处传播至另一域另一处。传播过程和传播结果是不仅异域受到传播而至的海洋文化影响，而且原海洋文化本身也受到异域土著文化的影响，两者互相碰撞融合之后又对两个区域分别产生新的影响。海洋文化的传播给区域发展带来影响的事例很多，比如，百越文化对东瀛邻国古代文化的影响。从航海、语言、习俗等方面史料和文物均佐证了古代东南沿海地区越人及其先民向东瀛邻国传播稻谷栽培技术的事实；百越民族的鸟灵信仰、蛇灵信仰现象在日本、韩国古代都出现过；甚至百越的拔齿、文身等习俗据史料记载也可在古代日本找到。这些无论是宗教信仰、风俗习惯或是生活生产资料的传播，都对异域异质文化有相当大的冲击，对异域形成新的文化生态以及整个区域社会演进有决定性的作用。再如，20 世纪 70 年代末至 80 年代初，山东荣成市朱口的渔民驾小船北上渤海辽东湾三大河口区捕捞海蚕，在创造大量经济收入的同时，也使辽东湾当地人民改变了对海蚕的认识，唤起了他们的竞争意识，促使他们学习和掌握新的渔具渔法。有学者指出，海洋世纪最重要的一个问题是观念和意识问题。只有解决了这个问题，其他经济、科技问题才能朝正确的方向即可持续的方向发展。

第二节　我国海洋文化产业及其发展策略

一、海洋文化产业的内涵与分类

什么是海洋文化产业呢？有学者提出海洋文化产业是指“从事涉海文化产品生产和提供涉海文化服务的行业”。也有学者将海洋文化产业界定为“为满足社会公众的精神、物质需求，以海洋文化资源为原料，从事涉海文化产品生产和提供涉海文化服务的产业”。笔者认为，海洋文化产业是文化经济学理论在海洋经济领域实际应用的产物，除了包括那些可以满足人们精神文化生活需要的海洋文化产品或服务之外，根据日本学者日下公人的观点，还可以包括那些在其产品中注入海洋文化元素、利用海洋文化资源为一般商品提供文化附加值、创造经济效益的涉海产业。然而，为讨论方便起见，本节在论述中仍沿用“从事涉海文化产品生产和提供涉海文化服务的行业”这一含义。明确了内涵，需要探讨海洋文化产业的分类。对此，首先梳理一下文化产业的分类。2004年，国家统计局曾公布《文化及相关产业分类（2004）》，对文化产业类别进行了界定。有学者据此对海洋文化产业的分类进行了细致分析，见表2–1。笔者认为可以将海洋文化产业细分为：第一部分，海洋文化产品的生产：①海洋新闻出版发行服务；②海洋广播电视电影服务；③海洋文化艺术服务；④海洋文化信息传输服务；⑤海洋文化创意和设计服务；

⑥海洋文化休闲娱乐服务；⑦海洋工艺美术品的生产。第二部分文化相关产品的生产：⑧海洋文化产品生产的辅助生产；⑨海洋文化用品的生产；⑩海洋文化专用设备的生产。

表 2–1　海洋文化产业的分类

滨海旅游业	滨海城市游、渔村游、海岛游、海上游
滨海休闲渔业	观光渔业、体验渔业、观赏性专门养殖
滨海休闲体育业	水上项目、水下项目、沙滩项目
滨海庆典会展业	节庆（开渔节、海洋文化节、妈祖文化节、珍珠文化节、旅游文化节）、博览会、博物馆
滨海历史文化和民俗文化业	饮食起居、服饰、传统节日、婚俗、信仰的产业化开发（惠安女、疍民、妈祖崇拜等）
滨海工艺品业	珊瑚、贝类、珍珠工艺品
滨海对策研究与新闻业	广播电视、书报刊、网络、咨询服务
滨海艺术业	文学、艺术、音乐、戏剧曲艺、电影电视剧

二、海洋文化产业发展的现状与趋势

21 世纪是海洋的世纪，海洋文化产业方兴未艾。鉴于表 2–1 目前为业内多数学者采纳，为便于讨论，此处仍沿用表 2–1 的标准，试图分析海洋文化产业发展的现状与趋势。

1. 滨海旅游业

我国滨海旅游业面临快速发展的大好背景。据前瞻产业研究院发布的《中国滨海旅游业市场前瞻与投资战略规划分析报告》数据显示，经过多年的高速发展，2014 年我国滨海旅游业增加值达到 8882 亿元，占海洋产业比重为 35.3%，创下历年之最。另外，我国政府正加大对旅游业的扶持力度，地方政府对发展滨海旅游热情持续高涨。绝大多数沿海地区已经将滨海旅游业作为经济先导产业，并且在保留传统旅游项目外，还推出了富有特色的现代滨海旅游产品，如冲浪、海钓、邮轮等。地方政府的积极推动将有助于滨海旅游业进一步壮大规模。事实上，滨海旅游产品形式多样，娱乐性、参与性较强，对当地的环境、社会和经济有较强的持续竞争力。产业集群这种较强的持续竞争力在于其所拥有的竞争都有积极影响。据上述报告分析，在经济方面，滨海旅游除了本身潜力巨大，还能带动起其他海洋经济产业；在环境方面，滨海旅游业能够刺激滨海旅游开发保护政策的落实；在社会方面，滨海旅游是渔民转业转产的重要方向，具有广泛的社会影响力。不过，与国外相比，我国滨海旅游还存在不少问题，如开发过热、低效率重复建设、旅游开发房地产化等。而且国内有关滨海旅游的研究也相对滞后，不利于产业进一步发展。总的来说，我国滨海旅游业长期向好，未来沿海及海岛地区接待游客人数有望保持年均 20%~30% 的增速，前景值得期待。在发展的同时，需要借鉴国外滨海旅游的先进经验，同时加大对滨海旅游的相关研究，不断缩小在深度、广度和水平上的差距，提升我国滨海旅游的研究水平，进而推动滨海旅游产业的进一步发展。

2. 涉海休闲渔业

涉海休闲渔业仍存潜力。休闲渔业 20 世纪 60 年代产生于拉丁美洲的加勒比海区，后逐渐扩展到欧美和亚太地区。休闲渔业通过资源优化配置，将旅游观光与现代渔业有机结合，实现第一、第三产业的整合与转移，既拓展了渔业空间，又开辟了渔业新领域。我国拥有漫长的海岸线，具有发展涉海休闲渔业的良好条件，同时发展休闲渔业有助于转移渔业劳动力、保护渔业资源、提高渔民收入。其主要经营方式有：生产经营型、休闲垂钓型、海钓型、潜水型、旅游观光型和科普展会型等。20 世纪 80 年代起，台湾许多传统渔港结合各自优势，推出各具特色的休闲渔业项目，如基隆渔港的飞鱼卵采集、石梯渔港的出海赏鲸等，均受到游客欢迎。浙江舟山沈家门夜排档，65 家排档屋绵延近一公里，成为舟山一项品牌海洋文化产业项目。涉海休闲渔业是联系传统与现代的休闲娱乐项目，具有一举多得的功能。只要适当引导、注意环境保护、避免雷同化，就可以继续创造可观的发展前景。

3. 涉海休闲体育业

随着人们对强身健体、休闲放松需要的日益增强，涉海休闲体育业受到越来越多人的青睐。海洋体育“包括海中救生、游泳、皮艇；海滩沙排、沙足、沙地掷球；海涂手球、摔跤、速滑；海船爬桅、摇橹、抛缆、升帆、调马灯以及海岛环跑、海礁攀岩、海岸垂钓等”，形式多样，为大众喜闻乐见。涉海休闲体育业融比赛、健身、休闲、文化等为一体，老少咸宜，个人、群体相得益彰，是海洋文化产业富有生命力的一个增长点。

4. 涉海庆典会展业

涉海庆典会展业在沿海地区日趋活跃，充满商机。浙江省象山县自 1998 年至今一年一度举办的中国开渔节，规模不断扩大，影响日益广泛，成为国家旅游局十大民俗节庆活动。需要指出的是，节庆产业具有一定的公益性，不能过于商业化和功利化。正如国际节庆协会总裁兼首席执行官史蒂文所言：“节庆的最高目标是给人创造欢乐，给人以希望。”2010 年 7 月 5 日，我国第一家航海博物馆——上海中国航海博物馆开馆，成为上海一处标志性文博景点。国际著名海港城市均有闻名遐迩的海洋类博物馆，如澳大利亚国家海洋博物馆、比利时安特卫普国家海洋博物馆、日本神户海洋博物馆、摩纳哥海洋博物馆等。博物馆还具有意想不到的城区提升功能。纽约原本破旧的巴斯克港因建筑大师弗兰克·盖里（Frank Gehry）的杰作古根海姆艺术博物馆而得以复兴。博物馆可以提升一个地区的地位和影响力。

5. 涉海历史文化和民俗文化业

我国有丰富的非物质海洋文化遗产，比如渔歌、渔号子、渔风渔俗、盐文化、海洋信仰、海岛文化、民间风俗等，形成民间海洋节庆、妈祖诞等各种海洋民俗活动，为发展涉海历史文化和民俗文化业提供了丰富的资源。连云港的花果山、厦门的鼓浪屿、威海的刘公岛、莆田的湄洲岛、蓬莱的海市蜃楼、湛江的人龙舞、深圳沙头角鱼灯舞等，都因充满历史文化故事或民间传说而形成富有地方特点的传统喜庆节日、饮食起居、服饰、婚俗、信仰的产业化开发等相关产业。

6. 涉海工艺品业

涉海工艺品业是日趋活跃的领域。2010 年上海世博会期间，吉祥物“海宝”、中国馆模型、纪念币等工艺品供不应求，创造了可观的经济效益。涉海工艺品除了人造卡通形象工艺品之外，还有贝雕、珍珠饰品、海洋生物模型、标本、珊瑚摆件、手链、手机挂件等不胜枚举。其不仅可以丰富人们的日常生活，还可以创造就业机会，发展潜力巨大。

7. 涉海对策研究与新闻业

随着我国海洋产业的迅速发展，会面临许多新问题、新挑战，有关海洋战略、海洋国际关系、海洋资源的开发利用，海洋法与渔业法等相关研究需求会日益扩大，为涉海对策研究提供了广阔的发展空间。海洋产业的发展需要媒体的保驾护航，人们对南海、钓鱼岛等海洋权益问题的日益关注也迫切需要涉海新闻业的快速发展。2011 年 12 月，由国家海洋局、海军政治部联合摄制的八集大型海洋文化纪录片《走向海洋》，在中央电视台一经播出就产生很大反响，反映了公众对涉海新闻消费的巨大需求。

8. 涉海艺术业

涉海艺术业一直是文化产业领域的重要增长点。文学作品《白鲸记》《海底两万里》《海上劳工》《老人与海》，电影《渔光曲》《甲午风云》《深海寻人》《完美风暴》《地海传奇》《泰坦尼克号》《碧海蓝天》《怒海争锋》《哪吒闹海》《小美人鱼》《海底总动员》等不胜枚举。因此，有关海洋文学、音乐、戏剧、电影、电视剧等涉海艺术业的发展潜力未可限量。法国导演雅克·贝汉（Jacques Perrin）、雅克·克鲁佐德（Jacques Cluzaud）拍摄制作的纪录片《海洋》在全球引起巨大反响，在一向被视为冷门的纪录片领域书写了一段传奇。

三、我国海洋文化产业发展的策略选择

1. 提高认识，政策保障

提高思想认识，加大政策支持力度，是发展海洋文化产业的保障。关键是明确目标和任务，切忌泛泛而谈。发展海洋文化产业，首先要提高认识水平，深入理解发展海洋文化产业的可能性和必要性，在调查研究的基础上制定符合海洋文化产业发展规律的方针政策。当前，相关政策大多集中于战略规划与经济增长，而最为迫切的人才培养、内容创新、中小企业扶持等支持力度明显不足。因此，尽快加大相关政策支持力度责无旁贷。

2. 公益优先，经济协同

海洋文化产业是涉及社会效益与经济效益的矛盾共同体。同时，海洋文化当中既有大量优秀内容，也有不少低俗成分，因此发展海洋文化产业需要坚持公益优先、经济为辅的原则。发展海洋文化产业，要通过法律、政策、制度建设，贯彻以社会效益为先、社会效益与经济效益相统一的原则，防止过度娱乐化、庸俗化与恶俗化，弘扬社会主义核心价值体系。然而在具体管理中要尊重海洋文化产业发展规律，讲究方式方法，避免“一管就死，一放就乱”的局面。

3. 重视传承，大胆创新

发展海洋文化产业，需要重视传承、大胆创新。长期以来，我们对海洋文化资源的挖掘、研究与保护相对不足。就上海而言，虽曾历经江南渔村、国内贸易港、远东航运中心到国际航运中心等海

洋社会形态变迁，具有丰富的海洋文化资源，而且正是得益于海洋文化的滋养，才使其迅速成长为举足轻重的国际大都市，但遗憾的是上海对海洋文化的继承与保护同样比较薄弱。因此，发展海洋文化产业，亟待挖掘海洋文化资源，加强海洋文化资源保护，同时提高对海洋文化的应用与创新水平。传统与现代从来不是割裂的，而是长江后浪推前浪的关系，共同构成生生不息的文化长河。因此，发展海洋文化产业需要在传承中创新，在创新中传承。

4. 注重共性，打造个性

发展海洋文化产业，须妥善处理共性与个性的关系。注重共性，有助于满足大众需求，赢得市场主动权；打造个性，有助于凸显海洋文化特色，赢得市场制高点。美国好莱坞紧密围绕英雄、美女、诚信、爱国等人类共性问题大做文章，因而赢得世界电影市场的巨大份额。同时，美国电影的最大特色是敢于尝试不同题材，无论什么故事，只要剧本精彩，美国都会拍成电影，比如《埃及艳后》《花木兰》《功夫熊猫》等，因而使其电影长期雄踞世界头把交椅。我国的杂技《天鹅湖》将中国传统杂技与西方芭蕾完美结合，在世界上赢得广泛赞誉，可谓个性与共性结合的典范。文化产业需要个性，但有时“个性”过强反而适得其反。我国现存 300 多个地方剧种，个性鲜明，但为市场所熟知者寥寥。许多剧种生存举步维艰，更妄论走向全国、走向世界了。海洋文化产业要走向市场、走向国际化，需要在共性与个性之间寻找一个恰当的平衡点。

5. 高雅为轴，通俗为脉

发展海洋文化产业须正确处理高雅与通俗的关系。高雅代表精英文化、高端路线，其优点是有品位、有内涵，可以使人产生崇高的情感，获得优质的审美体验，但缺点是投入成本较高，需要一定的经济、技术条件，有一定的文化艺术修养才能欣赏。因此，市场消费群体比较小，经济效益不显著。通俗代表大众路线、草根战略，其优点是投入成本较小、受众广泛、时尚流行、老少咸宜、通俗易懂、参与性强，能满足大多数人放松身心、休闲娱乐和一般的审美需求，可以创造可观的经济效益，但缺点是文化含量低，容易被市场左右而走向“娱乐至死”“为娱乐而娱乐”。发展海洋文化产业需要以高雅文化为轴，以通俗文化为脉，既能满足人们对高层次海洋文化消费的需要，又能给广大受众提供喜闻乐见的通俗海洋文化产品。

6. 塑造品牌，立足长远

品牌建设是文化产业的灵魂。立足长远，加强文化品牌建设，是实现海洋文化产业长远发展的重要保障。20 世纪 90 年代以来，我国一批水产、海洋产业项目因忽视品牌建设而影响产业发展后劲，以致出现虎头蛇尾的局面。国外有学者指出：“尽管主要的发展中国家拥有丰富的文化多样性和充足的创新人才，但它们至今还没有从其创意经济的巨大潜能中充分获益。”这一针见血地警示我们，即使文化资源再丰富，如果没有著名品牌就难以产生显著效益。因此，加强海洋文化产业品牌建设刻不容缓。品牌建设要立足长远，建设伊始就要未雨绸缪、从长计议，树立国际意识、质量意识与精品意识。美国著名经济学家德鲁克曾在《福布斯》杂志上撰文指出：“今天，真正占主导地位的资源以及绝对具有决定意义的生产要素，既不是资本，也不是土地和劳动，而是文化。”海洋文化作为一种软实力，既是综合国力的表征，也是一种重要的生产要素，为经济社会的发展提供生生不息的动力。发展海洋文化产业，是挖掘、传承、弘扬中华优秀海洋文化的重要举措，是建设海洋文化强国、海洋强国的重要途径。

第三节　海洋文化产业集群形成机理与发展模式研究

一、海洋文化产业集群形成的机理

1. 成本节约效应

这种成本节约效应是由海洋文化产业集群内的集聚经济和规模经济效益获得的。韦伯的区位理论认为集聚的产生是自下而上的，是通过企业对集聚好处的追求而自发形成的。他认为，若干个工厂集聚在一个地点能给各个工厂带来更多的收益或节省更多的成本。首先，在集群中，海洋文化企业可以共同使用公共设施从而减少分散分布所需的额外投资，利用地理接近性而节省相互间物质和文化信息流的远移成本，从而降低了生产成本；其次，集群的外部规模经济表现在生产或销售同类海洋文化产品的企业或存在着产业关联的上、中、下游企业集中于特定的区域，可利用地理接近性，有着共同利益的海洋文化企业通过合作或联盟等方式共同进行生产、销售某种海洋文化产品，以降低成本。区域集群能使区域内企业获得专业化的、经验丰富的文化人才和供应商的支持，还能享受政府或私营部门联合提供的公共产品（如基础设施、培训计划、测试中心等）所带来的好处。

2. 市场竞争效应

市场竞争是企业成败的核心所在，竞争决定了一个企业对其行为效益有所贡献的各项活动。关于这一点几乎所有学者的观点都是一致的：产业集群的优势在于它拥有非集群企业无法比拟的竞争力，即产业集群之所以能产生、发展并带动地区经济发展，关键就在于它具有较强的持续竞争力，这种竞争力在于其竞争优势，而这种竞争优势又是通过其内在机制体现出来：一方面，通过集群内企业间的合作与竞争以及群体协同效应，将能够获得许多经济方面的竞争优势，如生产成本优势、基于质量基础的产品差别化优势、区域营销优势和市场竞争优势等；另一方面，通过支撑机构和企业间的相互作用，将形成一个区域创新系统，提升整个集群的创新能力。

3. 网络创新动力机制

网络是各种行为主体之间在交换资源、传递资源活动过程中发生联系时而建立的各种关系的总和。因此，区域创新系统是指区域网络各个节点（企业、大学、研究机构、政府等）在协同作用中结网而创新，并融入区域的创新环境中而组成的系统。区域集群内的企业既有竞争又有合作，既有分工又有协作，彼此之间形成一种互动性的关联，由这种互动形成的竞争压力、潜在压力有利于构成集群内企业持续的创新动力，并由此带来一系列的产品创新，促进产业升级的加快。这种文化创新机制在海洋文化产业集群中的表现也较为显著。海洋文化产业集群内各经济主体之间由于专业化分工而产生的密切联系和交互的作用就形成了网络化关系，包括各类海洋文化企业间在创新中的合作，各支撑机构如大学、公共研究机构、文化艺术培训机构、R&D 机构、文化行业协会和金融机构等支持，从而促进了知识和技术在集群中的创造和扩散，各类文化创意人才通过在工作活动的正式交流与社会非正式交流沟通等形式有效地传播隐性知识，有利于各种创意灵感的产生，从而更有效地推动知识的加速创新，有效地保持与增强集群内的文化竞争。

二、海洋文化产业集群的特殊形成机制

与一般文化产业相比，海洋文化产业在集群化发展机理上具有较大差异性。海洋文化产业的海洋文化资源约束更加明显，在其产业集群化发展过程中以海洋文化资源为核心、以海洋文化产业价值链为依托、以海洋文化产业各相关经济主体行为为外在推动力的特征十分明显，本节主要从海洋文化资源、人力资源、海洋文化需求、海洋文化产业价值链及各类相关支撑服务体系、海洋文化企业结构和战略这五个内在动力因素以及政府支持作用、文化企业融资环境这两个外部因素共七个因素来分析海洋文化产业集群的形成机理。

1. 五大内在动力因素分析

（1）海洋文化资源是海洋文化产业及其集群发展的创意之源

海洋文化产业的产品要深入挖掘海洋文化资源的文化内涵和创意的启发点。海洋文化资源对海洋文化产业的形成具有核心影响力，是具有决定性作用的影响因素。首先，海洋文化资源对海洋文化产业集聚区的形成有一定的根植性，海洋文化产业集群并不是在任何地方都可能出现和形成的，海洋文化产业集群或园区主要集中于沿海或岛屿这些富含海洋文化资源的区域。同时，各种孕育着海洋民风民俗的人文社会关系也推动着海洋文化产业集群的发展和运营，使之加深了对海洋文化的依赖性。其次，各类海洋文化产品的创造和生产也是将不同海洋文化资源作为题材衍生出来的。通过将海洋文化资源转化为具有丰富文化内涵的文化符号，并以此打造出不同的海洋文化精品，且海洋文化产业集聚区的形成通常也是以某种海洋文化资源为内容来形成某类文化主题，达成品牌效应，以进一步面向市场进行推广，如可以渔村文化、海洋艺术作为文化主题形成海洋文化产业发展基地，或抓住区域某一特定优势海洋文化资源通过文化创意将其转化为重点规划的海洋文化行业孵化区和集聚区，

全面提升其影响力。

（2）海洋文化创意人才是海洋文化产业集群健康发展的关键和根本

海洋文化产业集群的发展离不开高素质的人才。海洋文化产品的形成是在海洋文化资源存在的基础上凝聚了文化创意，文化创意来自于人，而为了人，服务于人，并取决于个体人脑的杰出贡献，因此人才是文化创意的力量之源。海洋文化产业集群以地理上的集聚克服了距离障碍，在集群内集聚了一批各类文化专业人才，有利于不同创意思想的碰撞和交流，形成了接受文化创意、共享文化创意的有效机制，促使更好的海洋文化精品的问世；同时，海洋文化产品的价值实现要依靠成功的市场交换才能完成，这就需要能适应不同产业融合需求的文化资本运营人才，能够对海洋文化产品从生产到流通各个环节进行组织协调和管理。今后，数字艺术软件开发人才和海洋文化产业经营管理人才将会更受文化企业人才市场的青睐。

（3）海洋文化需求是海洋文化产业集群蓬勃发展的动力和重大支撑力

强大的海洋文化需求是海洋文化产品得以顺利销售的保证。一方面，海洋文化需求的增加能促进海洋文化产品的多元化，也为海洋文化产业走向集群、规模化发展带来了推动力。随着人们生活水平的日益提高，消费者对个性化的海洋文化产品服务需求也提出了要求，这种时常变化又有个性的需求映射在海洋文化企业上就要求文化企业的生产方式要实现相应的变革，海洋文化产业集群就应运而生。海洋文化产业集群是一种柔性生产组织，内部的这种分工协作增强了集群适应外部需求变化的能力，且能较早地获取外部信息。集群内文化创意人才汇聚于该集群，能够针对外界对海洋文化产品需求的变化设计出符合消费者品味的海洋文化产品；另一方面，多元化的海洋文化产品集聚同一区域也为广大消费者和经销商带来了便利，它不仅为消费者和经销商提供了较低的交易成本，同时也提供了品种繁多的海洋文化创意精品，同类型的海洋文化企业之间既提供相同类型的海洋文化产品和服务，必然又有着自身的特殊性，满足了消费者不同层次的消费需求，海洋文化产业集群对供给和需求的共同作用进一步刺激了海洋文化消费的需求，促进了海洋文化产业集群的壮大。

（4）海洋文化产业价值链是海洋文化产业集群发展的脊梁

海洋文化产业价值链是一条贯穿于海洋文化产业集群的主干线，它的存在是海洋文化产业集群得以维系运营的根本保证。首先，海洋文化价值链构成了海洋文化企业的生命链，每一个海洋文化企业都是在设计、生产、销售其产品的过程中进行各种活动的集合体，所有这些活动都可以用一个海洋文化价值链来表明，上下游关联的企业以及企业内部都存在价值链，价值链各环节的活动都是一个创造价值的动态过程。海洋文化产业内涵丰富，是具有较长产业价值链的产业，包括滨海旅游业、休闲渔业、海洋节庆会展业、海洋工艺品业、涉海新闻和影视业等多个领域，可以分解为创意的起源（文化观念或艺术品的产生）—文化产品的生产（生产具有商业性的实物产品）—推广和分销（通过广播、广告和新闻等的流通）—消费（最终消费者的消费和体验）。这些生产过程是可分的，生产的产品可以由多个企业来进行，达到企业间的协作效应，取得产业集群所应得的利益。因此，海洋节庆会展业的价值链就可以表示为节庆会展策划、场馆经营、宣传推广、搭建经营、会展业务、拓展增值业务经营等环节，而海洋影视业的价值链则表示为创意、制作、发行和销售与观众的接收。上下游关联的企业与企业之间存在产业价值链，企业内部各业务单元的联系构成了企业的价值链。其次，每个海洋文化企业都是海洋文化产业链中的某一个环节，其要赢得和维持竞争优势不仅取决于其内部价值链，而且还取决于在产业价值链中的连接。海洋文化产业链的本质是由不同海洋文化产业之间或与海洋文化产业相关产业之间的链条式关联，实质是各产业中的企业之间的供给和需求关系。海洋文化产业链中大量存在着上下游关系和相关价值的交换，上游产业向下游产业输送产品和服务，下游产业向上游产业反馈信息。海洋文化产业链将一定地域空间范围内的孤立的海洋文化产业部门串联起来，并尽可能地向上下游延伸，牵引着众多的相关产业和企业，从而形成了海洋文化产业集群内在的产业关联。总之，海洋文化产业集群的形成离不开海洋文化产业价值链和产业链各个环节的良性运作，是以产业价值链为纽带的地方生产系统，是沿海及海岛地区经济发展的重要基础。海洋文化产业以海洋文化产业链为纽带，延伸海洋文化产业加工生产的深度，以海洋文化企业综合配套，加强产业内部、产业之间联动并做强做大，逐步兴起具有专业化特色的海洋文化企业群体，最后促成海洋文化产业集群化；同时，海洋文化产业集群的发展还需要相关产业的支撑，如当地高校、研究机构、劳动力市场、金融机构等为海洋文化企业提供了人才、技术和金融支持，所有这些构成了广义上的海洋文化产业价值链。

（5）海洋文化企业发展战略与结构是促进集群发展的动力

海洋文化企业要获得高利润，除了自身的因素，还取决于海洋文化企业共同作用形成的企业结构。海洋文化产业集群内存在着生产某类海洋文化产品的企业，这样必然就有提供原料的上游企业和购买该海洋文化产品的下游企业，同时存在着生产海洋文化产品的替代品文化企业。在集群外也存在着与此相同类型的企业，这些企业一旦发现有分享利润的时机就会迅速入驻这一海洋文化产业集群。这样就形成了一个由原料供应企业、产品购买方、群内同类生产企业、群内替代品生产企业、群外潜在进入企业等构成的海洋文化企业结构。这一企业结构的特点直接决定着群内海洋文化企业的利润率。只要这一企业结构运作合理，群里海洋文化企业就能盈利，海洋文化产业集群也才能持续运行发展下去。对于文化产业集群的这种企业结构，一方面，海洋文化企业需要从上游原料供应争取较低的生产成本，同时又要从下游的产品购买企业争取较高的销售价格，以获得较多的利润。另一方面，海洋文化企业通过稳定的销售价格和产品的差异化来保持一定的市场优势，与替代品生产企业分享利润。再者，潜在进入者也是分享行业利润的一支重要力量。海洋文化企业要努力赚取利润来减少潜在进入企业的威胁。如果购买者需求在快速增长，进入壁垒较低，那潜在进入者的威胁将会变大。若能形成合理的企业结构，集群内的各类海洋文化企业都能获得合理利润，集群就能够长期健康发展下去。

2. 两大外在辅助因素分析

（1）政府支持作用是推动集群发展的强化剂

海洋文化产业集群的创建和发展壮大与政府有不可或缺的联系，与其他产业相比，政府与文化产业的关系更为密切，综观国内外文化产业集群发展的成功经验可以看出，政府在其中起着主要的扶持作用。我国的海洋文化产业属于起步阶段，应借鉴发达国家成熟的发展经验，积极发挥政府的支持作用，政府要在海洋文化产业集群的形成和发展过程中当好推动者和协助者的角色。一方面，政府在海洋文化产业集群发展过程中的作用主要表现在创建园区的软件环境，制定科学合理、适时的文化创意产业政策，确定产业区的定位和发展方向，对文化创意市场进行监管，建立行业协会和标准等。扶持政策包含了融资、选择性保护、规范市场体系、调整产业布局等多项政策，以之为火车头带动上下游产业和横向关联产业，促进其早日发展成完整的海洋文化产业集群；建立公平严肃的法律环境，特别是知识产权保护体系的完善，加强知识产权的保护实质是对区域创新能力的培育，是海洋文化产业可持续发展的保障。另一方面，海洋文化产业集群的形成和培育需要一种良好的工作和生活环境，因为要形成文化创意还需要一种轻松的氛围，源自经常性的交流和相互碰撞的灵感。因此，完善的基础设施建设和优质高效的公共文化服务是政府所应提供的，这不仅包括提供便利的交通设施、舒适的工作环境，还包括公共文化服务设施的建设，如创建海洋文化艺术中心，成为公共图书馆、博物馆、电影院、艺术剧场、文化娱乐场所集中地，因为这些是激发当地民众文化需求的有效手段。

（2）充足的融资环境是集群发展壮大的保障

集群内中小型海洋文化创意企业要向更高层次发展，充足的资金是不可缺少的。资本是产业集群的血液，文化产业集群要将创意转变为现实的文化产品和服务，需要巨额资本支持。而相较于传统的工商企业，文化企业大多具有固定资产少、以无形资产为主的资产结构轻型化特点，其核心资产主要是知识产权、版权和收费权，缺少土地、厂房等能作抵押的不动产，文化企业缺乏固定资产抵押物，产品收益情况难以评估，获得金融信贷支持难。因此，要打破融资瓶颈，促进文化产业做大做强，需要政府与民间的共同作用。一方面，加强文化部与金融机构的全面战略合作，建立健全海洋文化产业投融资体系，助推文化体制改革创新和产业结构调整升级，实现海洋文化产业的跨越式发展；政府应大力支持金融机构为海洋文化企业提供金融服务，在政策保障和重点海洋文化项目金融业务的协调等方面给予支持和协助。同时，金融机构要充分发挥覆盖面最广的网点网络体系和信息科技优势，为重点海洋文化企业提供全面、高效、优质的金融服务。但这种巨额资本支持仅仅来自于国家与金融机构的资金支持，也会因供应不足而无力形成产业集群。另一方面，政府制定激励政策，建立融资配套服务体系，是引导各类社会资本广泛参与文化建设、形成多元化融资格局的前提和保障，民营资本的活跃状态将为文化产业集群的形成与发展提供强大的资金支持。

三、海洋文化产业集群的发展模式

1. 世界产业集群发展模式

美国学者（Markusen）对世界范围内的主要经济发达地区进行了大量观测，研究了许多地区产业发展和结构演化的历史，粗略地把当今世界产业集群 、中心—辐射式集群模式、卫星式集群模式、国家力量依赖型集群模式（见表 2-2）。

表 2-2　当今世界产业集群模式

	马歇尔式	中心—辐射式	卫星式	国家力量依赖型
主要特点	产品供应链属于一个共同产业供应链；定制化程度高，生产标准化程度低。如‘第三意大利”	众多相关中小企业围绕一个特大型成品商形成的产业集群	基地在外部的多工厂企业的分厂设施的集合，集群企业能够在空间上与上下游运营保持独立	集聚的产生是自上而下的，是通过国家和地区的干预扶持政策而促成的
主要特点	柔性专业化；创新潜力大；集群内企业间合作关系灵活	核心企业凭借技术支持和品牌优势掌握着整个系统的运转；众多小企业能够提供比集群外企业更低成本的产品	存在着技术与隐性知识成本优势	运用政府的力量人为地造成特定产业的地理集中，创造全新的产业簇群，摆脱资源和要素短缺的约束

主要特点	生产经营对地理因素的依赖性较强；供应商和顾客群比较一致，竞争较为激烈	新企业与核心企业的联系极少，只是从核心企业创造的城市化经济中受益。整个集群效应依赖于少数核心企业	集群企业间缺少建立创新的合作关系与网络，难以共担风险；集群缺乏黏性，发展前景不清晰	政府的直接干预在人才、技术、资金等方面与私营部门相比都不再具有优势，无法对企业集群的良性发展起到支配作用

2. 海洋文化产业集群发展模式的差异化分析

海洋文化产业集群发展模式是指在集群产生、发展过程中所固有的内在联系和形成机制，以及相应的集群形成的方法、路径和特征，在本质上是一种产业经济的组织形式。从文化生态的角度来说，社会物质生产发展的连续性决定了文化的发展也具有连续性和历史继承性。海洋文化产业的发展及海洋文化产业集群的形成也是一种生态演化过程，因而可以从时间维度（形成机制）和空间维度（空间结构 / 存在方式）以及时空结合维度（发展趋势）对海洋文化产业集群的形成加以考察（见图 2–1）。对于海洋文化产业集群化发展模式，我们将其概括为“三大形成机制，三类存在方式，两种发展趋势”。

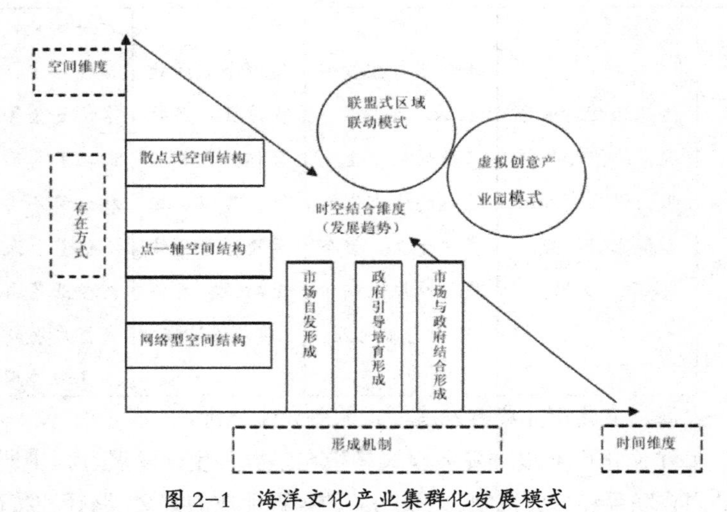

图 2-1　海洋文化产业集群化发展模式

3. 海洋文化产业集群的三大形成机制

（1）市场自发形成的集群模式

这种模式也称为市场创造模式，主要是指以商人牵头组成的海洋文化产业园或艺术家自发集聚而形成的海洋文化产业集群。由市场自下而上形成的海洋文化产业集群模式可以分成以下两种集群模式：

①以特定海洋文化资源为核心的集群化模式。相对于一般文化产业而言，核心资源对海洋文化产业集群的形成起到更为重要的作用，一系列海洋文化相关企业均直接或间接利用与围绕特定海洋文化资源组织生产与经营，并且自发形成产业集群。它的特点是表现为资源依赖强、企业联动差及技术含量低等特点。如有形的海岛风光、历史遗迹，渔村古镇、无形的海洋民风民俗，海洋节庆活动等，形成比较典型的有海洋渔文化产业集群、滨海及海岛旅游文化产业集群等。

②以价值链为核心的诱致自发型集群化模式。这类集群模式是

以核心价值链来构建产业链，在纵向进行产业延伸，在横向形成产业并存的一种集聚模式。由不同集团的海洋文化企业作为专门化生产产品链上的某个环节，出于节约生产成本和管理成本的考虑，处在不同价值链的生产环节垂直分离出来，分别由不同的专业文化生产企业来制作生产，形成了一个围绕特定海洋文化产品价值链的集聚区。与此同时，随着外部同行企业和替代企业的入驻，与之相关的服务业和支撑机构也逐渐入驻，促成集群的壮大，整个集群在空间上布局密集，在内部分工和协作上密切。如美国好莱坞的电影产业就是一个典型的价值链诱致型文化产业集群，以著名的米高梅公司、派拉蒙公司、二十世纪福克斯公司、华纳兄弟公司、雷电华公司、环球公司、联美公司、哥伦比亚公司八家大公司和几十家小公司，以及相关服务企业组成影响全球的影视文化产业集群，共集聚着美国600多家影视公司。

（2）以政府主导形成的集群模式

以政府引导培育为特征的集群化这一模式往往具有产业迁移和资本流动的背景，而且与政府行为、机遇因素等软环境的改善有直接联系，是以某种或某一类海洋文化产品为主导产业相集聚，发展出众多的相关海洋文化企业，并逐步形成海洋文化产业集群。这种产业园的形成主要是政府和开发商行为，是目前我国大多数文化产业园的形成模式。以长沙文化产业园为例，这一产业园是中共长沙市委、市政府的重点，园区由长沙报业文化中心、金小康文化城、长沙文化艺术专家村和长沙国际酒饮文化中心四大部分组成，由长沙文化产业园发展有限公司为主承建，是一个典型的由政府主导形成的园区。

（3）市场与政府相结合的发展模式

这一发展模式以海洋文化创意型的园区发展模式为代表。文化创意型以个性化创意为基础、集聚的产生、成长、演化是来自市场和外部政策力量的影响，主要通过调节企业集群的制约因素，防止集聚外部不经济。一种是先由民间商人自下而上发起的，先由本人以较低廉的价格购买或租赁整栋建筑物或是废弃的工厂或仓库，再分割为多间工作室或门面以优惠的价格出租给愿意从事文化创意行业的个人或公司，政府同时给予政策与金融的支持，受低租金和政府低税收等优惠政策的诱惑，越来越多的个人创业者和公司进驻，以此形成文化创意中心或园区，园区内主要从事的是广告策划、室内装饰设计、工业设计、商业摄影、游戏、动漫等文化创意行业；另一种是通过政府引导、市场运作，通过非营利性的公共服务平台整合社会资源，搭配相关产业链，推动以特色化、个性化、艺术化、智能化为主要特征的海洋文化创意产业的形成和发展。

4. 海洋文化产业集群的两种发展趋势

与所有文化产业集群一样，海洋文化产业集群发展模式的形态是处于动态演绎中的，我国的海洋文化产业集群正处于起步阶段，一些园区与基地之间的聚合度不大，层次较低，彼此之间没有形成较完备的技术开发体系、区域创新网络、市场服务体系和政府服务体系，且区域与区域之间的恶性竞争和无序竞争现象比较突出。因此，海洋文化产业集群在时空结合发展的关键就在于创新一种区域联动机制，加强区域的协调发展，促进产业间空间集聚，形成一种竞合关系。同时，探索创立一种虚拟创意产业园模式。

（1）联盟式区域联动模式

根据区域联动的作用和发生机制，结合海洋文化产业集群的特性，主要表现为一种联盟式区域联动模式，区域联合是以“行政区经济”为基础，主要借助行政外力发展的区域经济交互系统。区域联动模式源于国际贸易理论在区域经济学中应用的理论成果——区域分工与协作理论。在国际贸易的理论变迁中，亚当·斯密、大卫·李嘉图、赫克歇尔—俄林等主张强调发挥比较优势的古典贸易理论，克鲁格曼主张强调产业集聚和外部规模效应的新贸易理论。区域经济学家将这些理论应用于区域分工与协作的分析，一方面，强调各城市发展比较优势产业，落后区域承接发达地区的经济辐射与产业转移；另一方面，各区域之间通过合作，实现各产业区块在资金、人才、信息、政策等关键投入要素上的共通互享，形成各产业门类的资源、优势和产品方面的互补。海洋文化产业集群的联盟式区域联动也有两种不同的形态。一种是沿海地区成带状的区域联盟集聚模式。通常是指处在相邻区域有经济实力和发展环境的沿海城市的海洋文化产业集群，彼此之间自然和人文环境有一定的相似性，可对资源进行整合，以加强跨区域之间的联合，发挥海洋文化产业这一区域文化特色的整体优势。以长三角为例，长三角都市圈不仅仅是一个地域空间上的城市聚集区，而且是一个文化聚集区，自古以来在文化方面就是同根同源，长期的发展融合形成了共同的文化圈。同时，长三角地区发达的县域经济和产业集群为海洋文化产业的联盟式区域互动创造了条件，以区内发达的交通运输网络优势为基础，通过运作各种联动策略，包括组建文化产业促进会构筑文化产品的共同研发平台、品牌代理和营销联盟等，提高文化产业带的整体凝聚力和对外竞争力。例如，连接江浙沪的沪杭、宁杭和沪宁高速成轴线，构成整个区域带状的海洋文化产业带，上海、杭州、苏州、宁波等城市具有良好的经济基础和海洋文化产业的发展环境，可以形成具有极化效应的延伸带，通过产业的关联和扩散效应带动周边地区的文化产业发展，形成长三角地区海洋文化产业集群的带状分布格局；另一种是向内陆和区域中心辐射的联盟发展模式，一个区域空间结构形成以后，通常由核心及其周边的边缘地区组成，实现产业从核心区域向周边地区的“飞雁式”顺次转移。海洋文化产业的梯式联动是由于资源供给或产品需求条件发生变化后，海洋文化产业从沿海地区转移到内陆地区的经济过程。内陆圈层不仅向核心层提供了要素供给和产业配套体系，而且成为该海洋集聚中心的市场支撑腹地，该模式比较适用于沿海地区海洋文化产业与内陆地区的其他文化产业联合或援助性行动。如浙江省海洋文化产业发展应融入和联合内陆地区其他文化产业的发展之中，可以构建文化产业的"三轴三带"，即以甬台温高速公路为轴的沿海温台海洋文化服务业带与沪杭甬铁路为轴的环杭州湾文化服务业带和以浙赣线和金温铁路为轴的金衢丽文化服务业带结合起来。如江苏省内以沿海的南通、盐城、连云港的"山海"文化旅游产业带为主，与苏锡常的"沿湖文化体育产业带"，沿湖的淮安、扬州、泰州的"淮扬文化"文化休闲产业带，沿长江的南京、镇江、常州、无锡、苏州的数字文化产业带共同打造四大文化产业带，推动江苏省整体文化产业的发展。

（2）虚拟创意产业园模式

海洋文化产业发展到成熟阶段，应该呈现如下特点：①创造吸引海洋文化创意人才集聚的环境，重视个人参与和才智发展拥有能激发出创意灵感的专业人才和经营管理专才；②能与传统产业结合，加强海洋文化对传统产业的渗透、转换和提升能力，加强对传统产品的创意设计，提高传统产品的附加值，更强调海洋有形产品的生产；③加强海洋文化产业与现代科学技术相互交融，使海洋文化创意产品呈现出智能化、个性化、特色化、艺术化的特点的集成创新产物；④海洋文化产业组织表现为集群化和网络化形态，海洋文化企业组织呈现小型化、个体化和灵活化的特点。海洋文化产业园区未来发展的高级形态就是在实体海洋创意产业园区的依托之上，打造无界域国际化的虚拟海洋文化创意园区，建造一个方便快捷的交换传播的数字化网上市场和网上交易平台，构建"虚拟海洋文化创意产业园区"或"海洋文化创意信息数字交易港"。即使这些集群的空间组织在现实中的排列是无序的，但在虚拟海洋文化创意产业园区里，各集群之间有着完整的产业链分工，生产和协作关系是合理有序的，这是未来海洋文化创意产业园区发展的崭新模式。

第四节 海洋渔业与海洋文化协调发展研究

我国沿海地区历来具有经略海洋的传统与特质，而作为海洋经济中传统的海洋产业——海洋渔业，早在古代海上丝绸之路中就已发挥着重要的作用。2013 年 10 月习近平总书记访问东盟时提出了共建 21 世纪海上丝绸之路的构想，21 世纪海上丝绸之路又赋予海洋渔业新的历史使命。随着人类生存各种要素的日益短缺，人们将发展的目光越来越集中到占地球表面积 71% 的海洋中来。向海洋要资源、要产值、要空间便成为目前社会经济活动的重要组成部分，海洋也由此成为改善和发展人民生活的重要财富来源。中国的粮食安全历来备受世界关注，全国人大农业与农村委员会 2011 年数据显示，中国耕地面积约为 18.26 亿亩，比 1997 年的 19.49 亿亩减少 1.23 亿亩。与此同时，人口数量却在持续攀升，第六次全国人口普查数据显示，中国大陆人口已达 13.4 亿。尽管我们现在以有限的耕地成功地养活了占世界人口近 1/5 的国民，但随着工业化进程的进一步加快，土地红线的收紧和人口的持续增加，我国粮食的需求总量还会继续扩大，因而必须寻求和发掘并建设新的粮仓。在此背景下，作为海洋的首位功能——提供海洋食品则被提升到更高的地位上来。FAO 统计显示，过去 50 年，全球水产品产量稳定增长，食用水产品供应量年均增长 3.2%，超过 1.6%。水产品在人类食用动物蛋白中的比重在 16%

以上，为43亿人口提供了近15%的动物蛋白摄入，成为获得优质蛋白质和必需微量元素的重要途径。在国家海洋局发布的《中国海洋发展报告（2013）》中指出，当前国家耕地资源日益紧缺，粮食安全面临严重威胁，大力开发海洋生物资源，提供更多更好的海洋水产品，有利于改善食品结构，保证国家食品安全。许多海洋学者也在呼吁重视我国的海洋生物资源，为人类提供丰富的食用蛋白。沿海各级政府都在围绕开发利用海洋生物资源，制定加快发展海洋渔业的战略与规划。经济与文化历来相互依托，相互交融，新的经济产业催生新的文化，同时又呼唤新的文化反过来指导经济的开发。因此，本节的视角将聚集在海洋渔业的发展过程中，海洋文化如何与之相适应、相促进，从而达到海洋文化与海洋经济共生共荣的状态。

一、海洋文化发展与海洋渔业的相互作用机制

1. 海洋渔业的内涵

海洋渔业是利用海洋生物资源可以再生的生物特性，开发和利用海洋水域，采集捕捞与人工养殖各种有经济价值的水生动植物以取得水产品的产业。在其内部也分为三次产业。第一产业就是我们平时所指的狭义的海洋渔业，即海洋捕捞业、海洋养殖业、增殖放流业（如海洋牧场）、远洋捕捞业；第二产业则指水产品加工业，包括海产品的初级冷冻（如冻鱼、冻虾等）、海产品的精深加工（如海带丝、鱿鱼丝、烤鱼片等）；第三产业是为海洋渔业第一、第二产业服务的各种经济活动，如码头修建与管理、海产品贮藏、海产品市场、电子商务、海产品运输（特别是冷链物流），以及休闲渔业、渔家乐、渔业生产观光旅游、海底有缆在线观测鱼类活动等。海洋渔业经济则为海洋渔业中的经济活动和经济关系。

2. 海洋文化发展与海洋渔业发展的相互作用机理

在当今经济、政治、文化、社会和生态五位一体发展的时代，

文化所蕴藏的巨大的潜能被发掘出来，对经济的促进作用也更加凸显。钱德元、滕福星在论述美国迈克尔·波特等学者提出的经济发展经过要素驱动、投资驱动、技术驱动、创新驱动四个阶段的基础上，认为第四阶段和前三个阶段的根本区别在于它是文化意义和主体意义，创新是一种文化知识、文化价值以及思维方式、心理结构的革命性飞跃，是人的自觉性、能动性、创造性的本能特征的充分发挥。如今，世界正向第四阶段发展，这一阶段也正好与目前所处的信息时代相适应。而这一时代的显著表现莫过于文化与经济的共生共融。刘堃则论述了海洋经济与海洋文化的发展有三种关系，即：相互促进、相互制约和相互损害。其中相互制约又表现为海洋经济与海洋文化的发展此消彼长，当海洋经济增长时对海洋文化发展有所损害，或者海洋文化提升时对海洋经济发展有所损害。笔者认为，海洋经济与海洋文化之间的关系是辩证统一的关系。海洋经济是海洋文化发展的物质基础，对海洋文化的形成及发展走势起到了决定性的作用。海洋文化具有自己相对的独立性，反过来又对海洋经济的发展起着促进作用。如果一味追求发展海洋经济，忽视保护和发展海洋文化，则会产生此消彼长的不良后果；如果对于海洋文化资源不加以科学开发利用，只停留在原始状态下，同样对两者产生损害。因此，在海洋渔业发展中，就要注意兼顾海洋渔业与海洋文化的协调发展，不可顾此失彼。当然，产业发展与文化发展之间产生矛盾也是在所难免的，是正常现象。在现代生物学中，“共生”进而被理解为包含异种生物间相互干涉、抗争、矛盾的思想。即“共生”不是“和平共存”，如果原本不存在相互对立，也就不会形成“共生”关系。只要在相互碰撞中扬长避短，相融共济，就会产生好的效果。

二、与海洋渔业发展有关的海洋文化资源优势

1. 具有较强海洋渔业科技的优势

海洋科技是我国海洋渔业发展的优势和特色，我国的水产品产量连续多年稳居世界第一，靠的就是海洋科技的支撑。我国海水养殖的五次浪潮均领先于世界。山东省是全国海洋科技力量的聚集区，青岛市是我国著名的“海洋科技城”，拥有海洋科技源头创新的国家级研究机构和团队。直接从事海洋科学研究和技术开发的全职人员达1.5万人，其中副高级职称以上的高层次科技人员3000多名，全职工作在山东的海洋界两院院士约占全国的一半。近年来，国家级重大海洋创新平台建设步伐加快，青岛海洋科学与技术国家实验室正式运行，这一切都将为海洋渔业经济发展提供可持续的科技支撑。

2. 具有与海外渔业文化交流沟通的优势

我国是古代海上丝绸之路的重要起点。中外海洋文化历史悠久，经贸来往关系密切，海洋渔业交往也相当频繁。“海上丝绸之路”的航线大体是：东线从登州港（今蓬莱市）起航沿黄海航线，直至朝鲜、日本列岛等诸国；南线沿黄海前往宁波，并沿宁波、泉州南行，一直到菲律宾、澳大利亚，再穿越马六甲海峡到中亚诸国。例如，山东省跨越我国黄渤两海，与朝鲜半岛、日本列岛隔海相望。自古代以来就通过海上丝绸之路将我国的海水养殖技术传送到朝鲜、日本。这种海洋渔业对外交往的传统在今天的21世纪海上丝绸之路中可以进一步加强与韩日的水产品交易。

3. 具有喜爱饮食海产品传统习惯的优势

由于我国海岸线长达18000多千米，海岛众多，沿海地区是我国主要的海产品生产地、加工地，因此沿海地区的人民不分年龄结构，也不分职业结构，均有食用海产品的饮食习惯。而且由于我国海洋

生物资源众多，特别是海珍品比重大，为消费者提供了优质的美味佳肴。例如，山东省海洋渔业资源十分丰富，传统的海珍品如刺参、皱纹鲍鱼、栉孔扇贝、中国对虾、西施舌等为广大消费者所喜爱。其他的海产品，如蛤蜊、牡蛎、贻贝、真鲷、带鱼、蓝点马鲛、三疣梭子蟹、紫菜、海带、裙带菜等也产量丰富，可口怡人。从国外引进的南美白对虾、海湾扇贝、大菱鲆也已成为山东省海产品市场上的主打产品，深受广大消费者的喜爱。

4. 具有丰富海洋渔业民俗文化的优势

我国海洋渔业文化历史悠久，沿海各地都拥有特色鲜明的渔业民俗文化，其中有许多已得到认真的搜集和整理。例如，劳动人民总结出来的“春捞秋捕、夏养冬斗”就生动地体现了劳动人民按照海洋生物资源在一年四季之中变化的自然规律开展海洋渔业生产的特点。在山东省荣成市东楮岛乡村记忆馆，集渔民民俗、渔业生产与农业生产习俗、生活习俗为一身，全村共存海草房650间，总建筑面积9000多平方米，已得到妥善保护。沿海各地将传统的海洋渔业节庆活动发扬光大，赋予时代新的寓意。例如，浙江象山开渔节、青岛红岛蛤蜊节、即墨田横祭海节、荣成国际渔民节、威海国际钓鱼节、威海南海新区旅游海鲜美食节等。这些节庆活动对于进一步发展海洋渔业起到了很好的推动作用。

5. 具有普及海洋文化观念教育的优势

沿海许多地区已将海洋教育列入中小学的课程之中，从小培养海洋观念和海洋文化。拥有海域面积约200万平方米的海南省，在义务教育阶段三年级、七年级开设海洋意识教育课程，全面提升青少年的海洋意识。山东省充分利用驻有众多海洋科研机构的优势，积极开展对中小学生的海洋教育。例如，青岛市在全市义务教育学校全面开设海洋教育地方课程，开发海洋地理、海洋生物、海洋国防、海洋环保、海洋经济、海洋科技、海洋文化等学校课程，将海洋教育贯彻到中小学教育教学全过程；以“蓝色青岛魅力海洋”为主题，开展各类海洋主题竞赛，引导学生参加海洋科普活动，营造“亲海、爱海、知海”的环境，培养中小学生的海洋意识、海洋观念，并与海洋科研机构联合建立了“青岛市中小学海洋教育社会实践基地”和海洋教育特色学校。其他沿海地区通过多种方式也开展了海洋教育。

三、海洋文化促进海洋渔业发展方面存在的问题

1. 对渔业产品中的渔业文化提炼不精

各地对渔业产品中的渔业文化提炼不精，宣传包装不够，产品的知名度不高。过去在短缺经济时代，可以抱守“酒香不怕巷子深”的古训，而现在全国沿海地区海产品都很丰富，如果不凝练其中的文化内涵，加强宣传推介，不能让消费者了解和认可，非但不能进一步开拓市场，增加销量，原有的市场也会逐渐萎缩。同时，缺乏对于消费者的海产品消费习惯的引导，只是去适应消费者多年来形成的海产品消费习惯，能引导和改变海外消费者消费习惯的产品很少。再者，可为消费者提供直接食用的生鲜海产品比重还有待提高。例如，目前对生鱼片的消费多在高档酒店，没有使之接地气、平民化。而在澳大利亚，新鲜的生鱼片在普通超市里均有出售，消费者可以买回家去直接食用。而且，海产品的烹饪加工方法比较单一，主要是清蒸、烧烤等方式。海产品精深加工比重还应继续提高，烹饪技术还要继续改进。

2. 海洋环境与渔业资源存在一定问题

根据《2014 中国海洋环境状况公报》报告，2014 年，我国海洋生态环境状况基本稳定。近岸局部海域海水环境污染依然严重，春季、夏季和秋季劣于第四类海水水质标准的海域面积分别为 52280 平方千米、41140 平方千米和 57360 平方千米。河流排海污染物总量居高

不下，陆源入海排污口达标率仅为52%。监测的河口和海湾生态系统仍处于亚健康或不健康状态。赤潮和绿潮灾害影响面积较上年有所增大。局部砂质海岸和粉砂淤泥质海岸侵蚀程度加大，渤海滨海地区海水入侵和土壤盐渍化依然严重。海洋保护区生态状况基本保持稳定。海水增养殖区和旅游休闲娱乐区环境质量总体良好。因此，亟须加强保护海洋环境的宣传教育。

3. 海洋文化研究对海洋渔业缺乏针对性和指导性

海洋文化研究已开展多年，有些研究已经非常深入，取得了一系列丰硕的有价值的成果。总体来看，大多数的研究关注点或者是提高整个沿海地区的海洋文化水平的，或者是如何发展海洋文化产业的，而缺少针对具体海洋产业发展中如何施加影响的研究，因此在海洋渔业发展中就缺乏海洋文化的指导，出现了海洋文化与海洋渔业“两张皮”的状况。

四、促进海洋渔业发展的海洋文化对策

1. 充分认识海洋文化对海洋产业的作用

当今世界文化在综合国力竞争中的地位和作用越来越突出。要充分认识到海洋文化在我国海洋渔业发展中的指导与促进作用。海洋文化与海洋产业的发展紧密相关，有了海洋文化的指导，海洋产业的发展就会事半功倍。通过运用海洋文化，海洋渔业发展就可以衍生出许多更具高附加值的产品，极大提高了海洋渔业作为蛋白食品新基地的功能与效益。

2. 深入搜集挖掘和升华海洋渔业文化

要不断搜集挖掘整理在渔业各个产业链中所出现的海洋文化，总结设计出适合现代海洋渔业发展的海洋文化创意。笔者认为，海洋渔业文化的本质是“同舟共济”。每一次出海都是与家人的离别，每一次归来却又是新征程的开始。特别是现代远洋渔业，一出海最

长时可达两年之久。因此，海洋文化如何伴随着渔民远行，丰富渔民精神生活，使海洋文化上船、下海，需要进行深入的研究。

3. 将休闲渔业融入日常生活

在休闲渔业方面，将渔业与文化“混搭”，在渔家乐、农家乐的基础上，突出特色，强化服务，并延伸服务内涵，让休闲渔业不仅是一个旅游观光项目，还要成为人们日常生活的一个组成部分。应当充分学习国外如何吸引全民参与休闲渔业的具体做法和经验。在海产品消费方面，要深入发掘沿海各地海产品的传说、饮食风俗，宣传海产品的功效与烹饪加工方法。运用海洋文化的方式，说服教育沿海居民热爱海洋，保护海洋环境。目前我国在海边垂钓和“赶海”基本上都是免费的（除了一些特定使用的海区、海岸线段之外）。但是，休闲渔业与商业性渔业一样，对海洋渔业资源也具有一定的破坏性，这一点在国外的研究中早已得到证实。在澳大利亚新南威尔士的许多河口，鲷与对虾的休闲渔获量已是同品种的商业捕捞量的许多倍，很明显休闲渔业对鱼类和水生无脊椎动物种类的潜在影响要大于以前所认为的。在美国，对休闲渔业的管理只控制渔获物，不控制入渔的人数，这种入渔人数的增长会对渔业资源产生较大的压力，在美国过度捕捞与正在过度捕捞的种群中，休闲渔业已占到23%，由于对渔获物大小、数量的限制，导致了入渔者将钓上的鱼扔掉（或放生）的现象出现，使鱼类的死亡率与亚死亡率增加。休闲渔业还造成鱼类体长与年龄结构的降低，由于主要对渔业生物链的顶层进行捕获，改变了海洋生态系统的结构、功能、生产率。因此，各级政府及有关部门要通过大力宣传，使广大居民形成有偿使用海洋资源的风俗习惯和理念，并对海洋渔业资源进行充分和科学的评估，根据休闲渔业对资源的消耗程度以及广大人民群众的接受能力，适时试行垂钓及赶海的执照制度，制定合理的执照价格，保护海洋渔业资源。

4. 培养海洋文化人才

要意识到海洋高科技人才并不一定就是合格的海洋文化人才。必须要培养海洋文化专业人才。第一，积极推进高校中设置海洋文化学科，有计划地培养各类海洋文化人才；第二，注重在海洋科技部门、海洋管理部门及海洋企业中发掘业务精通又有志于从事海洋文化的人才，培养既懂海洋产业发展，又懂海洋文化的复合型人才；第三，加大海洋文化优秀人才的引进力度，填补在一些文化专业领域中的人才空白；第四，对于已经从事海洋文化研究和服务的人员，应注重对其职业道德与服务技能的培养，通畅升迁渠道，完善奖励机制，吸引人才，留住人才。

5. 将海洋文化建设纳入海洋渔业经济发展规划

今后在制定海洋渔业发展规划中，应将海洋文化建设作为一部分内容加入其中。海洋文化对于海洋渔业规划具有战略性和整体性的指导，海洋文化在一定程度上规定了海洋渔业发展的方向和方式。根据海洋文化涉及的海洋渔业发展的有关领域来看，可以直接指导海洋渔业发展的内容有海岛开发与建设、海岸带开发与建设、沿海渔村开发与建设、海产品生产基地建设、休闲渔业项目确立与发展，海洋渔业内部三次产业生产、海产品销售与餐饮，以及各类海洋渔业节庆活动等；间接指导海洋渔业发展的内容有渔业产品、渔业经验、渔业技能、渔业习俗等。

6. 弘扬守法经营、文明消费的海洋文化理念

渔业内部的服务业是海洋渔业的重要组成部分，是消费者直接参与海洋渔业的平台与载体。要进一步提升服务质量，满足游客的体验期望，将渔业服务业打造为我国休闲文化旅游业的重要品牌。要加大国内外先进经营理念的推广力度，复制国内外先进经营模式，提升服务管理水平。政府有关部门应对休闲渔业服务加强管理，对于服务中的欺诈宰客行为一经发现严厉查处，进一步提高游客满意

度，让守法经营、文明消费蔚然成风。

第五节　海洋文化产业创新驱动绿色发展问题的思考

进入21世纪以来，海洋在国家战略中的地位越来越突出，谋海兴国、海洋强国已经成为时代强声，海洋为中国经济社会的发展提供了广阔空间，海洋文化产业亦得到迅猛发展。21世纪是海洋文化彰显和海洋文化产业跃进的世纪，建设海洋强国必须大力发展海洋经济，特别是要大力发展海洋文化经济，发展海洋文化产业。在当前国家实施创新驱动绿色发展战略下，探析海洋文化产业在创新驱动绿色发展中的作用具有十分重要的理论与实践意义，海洋文化产业以其丰富的内涵、多样的形式、发展的可持续性，天然的自然资源和人文资源禀赋，在海洋强国战略背景下，依托于海洋经济、海洋科技的发展，在促进海洋综合开发利用理念、手段，推动海洋开发利用生态转型上起着重要的促进作用。海洋文化产业与创新驱动绿色发展的关系，需要从海洋文化产业自身的优势着手，并从资源禀赋、理念、技术变革、沿海经济结构转型调整等角度进行考量，同时也需要对海洋文化产业现存发展状况、运营管理模式等进行分析和完善，更好地契合推动整体创新驱动与绿色发展。

一、海洋文化产业创新驱动绿色发展的优势及作用

中国是一个海陆同构的泱泱大国，对于海洋有着悠久的开发与利用历史，从传统的“渔盐之利，舟楫之便”到现代的经略海洋、

海洋强国战略的实施，无不体现了中国人民与海洋的亲密关系，悠久的海洋开发历史也为我们留下了大量的海洋文化产业资源。海洋文化产业资源大体包括自然资源和人文资源，良好的自然资源和人文资源禀赋为中国海洋文化产业的发展奠定了坚实的基础。海洋自然资源主要包括自然生态资源，如海岸岩礁沙滩类景观资源，海岛及海湾类景观资源，海洋生物类资源，海洋生态类景观资源等；海洋人文历史资源则主要包括海洋历史人文遗迹，海洋民俗文化资源，海洋信仰、海洋特色技艺类资源等。关于海洋文化产业资源类型，国内相关学者从文化内容、文化结构层次、产业分类、产业资源、内容特点、资源形态等方面进行了相关研究。基于海洋文化资源禀赋的优势，国内海洋文化产业发展目前已经形成了以滨海旅游为支柱，节庆会展强势增长，广电传媒优势凸显，海洋图书出版成果显著，滨海休闲长足发展，特色演绎蓄势待发的格局。海洋文化产业已经出现蓬勃发展的局面，并对整个文化产业格局、国民经济结构、创新驱动绿色发展战略产生了积极的影响。

1. 海洋文化产业异峰突起，助推经济结构转型

近年来，整个国民经济正在经历从资源依赖型、粗放型的发展方式向资源节约型、环境友好型的可持续发展道路转变，第三产业在国民经济中的比重越来越高，经济发展日益依赖于技术进步和科技创新，文化产业在第三产业结构优化中有着重要的作用。当前人们物质消费、生存性消费均得到了一定程度上的满足，人们对于精神文化消费越来越重视，精神文化需求有力地拉动了文化产业和文化经济的发展。据国家海洋局发布的《中国海洋经济发展报告2016》显示，2015 年中国海洋生产总值达 64669 亿元，占国内生产总值 9.4%，可比增速达 7%，其中第三产业中滨海旅游业增速迅猛，全年产值实现 10874 亿元，增速达 11%。值得注意的是海洋经济结构和质量均有所改善，产业结构调整步伐正在加快，高技术产业化

进程加快，服务业继续发挥产业优势，带动沿海地区就业与区域经济发展。海洋文化产业相较于文化产业而言，因为特殊的“亲海性”“缘海性”而更具有题材的新鲜性、时代性和感召力。以蓝色为特征的海洋文化产业将开创一条内容与形式创新的文化产业发展新道路。海洋文化产业的发展将优化海洋经济结构，创新海洋资源的开发利用形式，为海洋经济发展提供精神动力和智力支持，赋予海洋时代新内涵。向海洋求发展已经成为社会的共识，沿海各省纷纷在实施海洋强国战略背景下，将海洋精神文化融入区域经济文化发展当中，顺势调整地区产业结构。山东明确提出了与山东半岛“蓝色经济”相匹配的“蓝色文化”建设的任务，广东以“魅力海洋，蓝色广东”为理念，上海以“海·城市”为自己的城市意象，江苏的“蓝色家园，美好江苏”，辽宁的“辽海之韵”、河北的“弄潮渤海，希望河北”，福建则提出“潮涌海西，蓝色福建”，以及海南的“海南国际旅游岛，蓝色圆您幸福之梦”等，均体现了蓝色的理念，是中国丰富海洋文化资源和海洋精神的体现，这些都将凝聚地区共识，成为经济转型升级的“助推剂”和“强心丸”。

2. 文化和科技与海洋文化产业日渐融合

将文化与科技融入海洋文化发展之中是实施创新型国家战略的应有之义，事实上海洋文化产业同文化和科技的融合也取得了很好的效果。一方面海洋文化产业的发展一定程度上是基于文化资源，同时海洋文化产业又丰富了文化产业的内容和形式，为文化产业的特色发展、转型升级提供了新的内容和形式上的创新；另一方面海洋文化产业的内涵和形式是我们不断依靠科技进行人海互动的开发及其实践的结果，海洋文化产业结构的转型升级离不开科技的支撑，海洋文化产业与文化和科技的融合，需要将海洋科技进步的最新成果贯穿到海洋文化产业发展的方方面面，推动海洋文化产业的升级，重视海洋科技的示范作用和品牌打造，坚持产学研结合，提高海洋科技成果转化率。科技改变着海洋文化产业的生产、传播、消费方式，海洋文化产业只有借助于科技的力量才能更新内容、改善形式、提高服务，将海洋文化产品更好地提供到大众手中。在实践上也取得了积极的成果，海洋科技运用到海洋文化产业上主要有：海洋科技影视业、海洋科技旅游业、海洋科技主题公园、海洋科学考察游等。影视是社会大众所喜闻乐见的形式，普及范围广、影响力大，深受人民群众的喜爱，海洋科技影视常见的表达形式有：海洋科技新闻、科教节目、纪录片、海洋科技动漫、科幻电影等。此外，海洋科技旅游业方兴未艾，近年来随着滨海旅游业的兴盛，海洋旅游业中的科技元素也日益增多，旅游业本质上是一种文化活动，重视旅游者在旅游过程中的感受和体验。海洋科技旅游其内涵就是以海洋科技为本位，将其融入旅游这一文化产业形式当中的海洋文化产业。就目前国内海洋科技旅游业总体现状来看，海洋科技旅游的主要形式包括：海洋科技产业旅游、海洋科技场馆旅游、海洋科技主题公园、市镇游以及海洋科学考察游，海洋科技旅游相对于传统的滨海旅游业而言，更加重视科技的融入作用，利用科技对海洋文化产业进行包装升级，推动了海洋文化产业的形式与内容创新。

3. 海洋生态文明建设取得初步成效，绿色发展理念逐渐深入人心

随着我国将生态文明建设列为五大建设之一，全社会对生态文明的重视程度达到了历史新高度，海洋生态文明建设也顺应着这一潮流而被正式提出，受到政府、学界、民间社会的广泛关注，这种关注既来源于社会整体的推动，更来自于我们在与海洋互动实践过程中得到的切身体会。随着对海洋文化资源开发利用的深入，对于海洋文化产业的可持续性问题得到了广泛的思考，一方面海洋文化产业的发展需要建立在一种可持续的良性机制上面，另一方面海洋文化产业本身也应当成为推动海洋资源可持续开发利用的载体，如

海洋生态文化旅游产业产品的开发过程中，各区域依托当地海洋生态文化资源，以海洋生态保护为核心，注重海洋生态的整体和谐，开发模式不再局限于传统模式，逐渐向多元化转变，更加注重社会效益、经济效益和环境效益的统一。海洋文化产业的生态导向型发展既突出了海洋性特征，也遵循了可持续发展的原则，不仅仅是滨海旅游业，整个海洋文化产业在推动生态绿色转型发展上的潜在动力都是巨大的。

二、海洋文化产业创新驱动绿色发展提升策略

随着海洋强国、文化强国战略的推进，海洋文化产业展现出蓬勃发展的态势，对海洋资源的开发利用范围越来越广泛，海洋文化产业作为一种新型的产业，已经成为经济增长、结构转型的良好助推器。但总体来看，中国的海洋文化产业仍然处于起步的阶段，存在着一系列的问题，主要表现在对于海洋资源的开发利用仍然处在粗放型阶段，集约型模式尚未真正形成；海洋文化的主体意识有待加强；海洋文化产品市场规模尚未形成，品牌效应有待提升；科技对于海洋文化产业的驱动力并不十分显著；对于海洋文化与海洋文化产业发展的重要性认识有待提升等。政府、学界、社会需要采取一些措施来提升海洋文化产业发展的质量，深化创新驱动绿色发展的战略。

1. 政府要进一步深化统筹规划，推动海洋文化产业的整体发展

中国海岸线漫长，海洋自然、人文资源丰富，以海洋文化为基础，通过深入发掘海洋文化资源，加快海洋文化相关产业资源的互动融合，需要加强顶层设计，统一进行规划，制定标准。同时政府部门要切实转变职能，加大改革力度，破除制度障碍，增强服务意识，提供组织和政策支持，把海洋文化产业发展纳入国家发展的重要层面。

2. 加强海洋科技与海洋文化产业的融合，提升海洋文化产业创意能力

文化产业从一定层面上来说就是创意产业，大力发展海洋文化产业需要加强创新意识，突出文化创意，创造科技优势等。中国海洋文化产业的发展需要加强“科技与文化”的充分融合，引领高科技海洋文化产业带动全国海洋文化产业的发展。海洋文化与海洋科技双向糅合形成海洋文化产业的“集成创新”效应，最终有利于促成海洋强国战略的实现。依托高校，科研院所加强海洋科技、创意人才培养，多维度开发海洋创意产品，建立一批具有开创意义的海洋文化创意产业基地。推动海洋文化产业从资源、政策、资本驱动转变为科技、创意驱动，提升海洋文化产品的科技、创意含量。

3. 树立海洋文化产业可持续发展的理念，推动海洋文化产业向绿色发展转型

海洋文化产业依托于海洋环境、海洋资源、海洋生态而生，海洋文化产业的可持续发展首先在于对海洋自然资源的保护与可持续开发利用，坚持走生态保护与经济发展双赢的道路；其次在海洋人文资源的可持续性开发方面，注重传统文化资源的保护与延续，实现传统文化资源与现代产业融合，以达到海洋文化保护与经济利益双赢的目的。坚持在可持续性的前提下，应优化配置海洋文化资源，实现集约化、规模化的开发利用；再次在海洋文化产品方面也要实现可持续性的开发，文化产品归根到底是内容的生产，文化产品的消费实际上就是对文化产品中蕴含的符号内容进行消费的过程，要注重实现产品开发的可持续性；最后要注重文化品牌的构建，形成具有特色、有影响力的海洋文化产品，实现从海洋文化特色到海洋文化优势的转变。

海洋文化产业作为一种新兴的文化产业，其在经济发展方式、发展理念以及经济结构调整上都有着积极的重要作用，将海洋文化

产业融入创新驱动绿色发展战略之中进行思考，能得到一些对于海洋文化产业发展、创新驱动、绿色发展的有益启示。坚持可持续发展为主线，以海洋开发保护利用、海洋经济发展、海洋文化振兴、海洋科技提高的多重视角，将建构起一种生态文明范式下引导经济发展和生产生活方式转变的绿色海洋文化产业。

第三章 “一带一路”倡议与中国海洋文化的发展

第一节 当代中国海洋文化发展力与21世纪海上丝绸之路建设

一、提升当代海洋文化发展力：21世纪海上丝绸之路建设的题中之义

在中国梦的宏伟背景下，“一带一路”倡议正在有序展开。当代中国海洋文化正是建设21世纪海上丝绸之路的重要文化资本。文化是民族的命脉，是人民的精神家园。21世纪是文化争雄的世纪，文化逐渐成为发展的灵魂和核心。海洋文化发展力指海洋文化所蕴含的巨大的发展能量。建设海洋强国，就必须创新驱动，建设海洋文化强国。发展海洋经济、提高海洋科技能力、强健海洋国防，必须以先进文化为引领。海洋文化自觉是指生活在海洋文化中的人们对自己文化有自知之明，明白其来历、形成及发展趋势，从而在各种文化冲击下对本土文化保有深刻的文化认同，取得适应环境的文

化转型主动权。在经济全球化的背景下，海洋文化以开放包容、知识理性、协调亲和、积极进取为基本的价值取向，呈现出开放性、流动性、商业性、包容性等内在的精神意蕴。海洋文化发展力——文化包容力、文化和谐力、文化开拓力、文化创新力，成为助推当代中国科学发展、和谐发展和包容发展的内生动力。因此，研究当代海洋文化发展力独特的发展价值与提升路径成为重要的时代课题。海洋文化作为中华民族优秀传统文化的组成部分在新的时期和形势下亟待进一步继承和发扬。海洋文化蕴含着丰富的人文精神和意蕴，对于提升文化软实力具有重要的价值。近年来，随着有关海洋事宜在国际事务中日益增重，关于海洋文化的研究方兴未艾。海洋世纪最关键的是海洋文化的发展力，即人们的海洋精神、海洋意识、海洋观念等，是文化强国的重要组成内容。只有解决了发展力的问题，才能更好地指导海洋科技、海洋国防、海洋经济、海洋安全等方面的开展。随着对海洋文化认识的不断加深，从国家到地方均把开发利用海洋作为一项重大的发展战略，人们的海洋观念和海洋意识越来越强，对外开放、合作交流成为现代社会的必然选择，海洋文化对人们生活方式的影响越来越明显。中国传统文化博大精深，海洋文化是其中的优秀文化之一，要在当下对传统优秀文化进行有效继承，不能割断与历史的联系，找到传统与现代之间的接榫之处，在文化传承上不仅要破旧迎新，还要推陈出新和温故知新。当代中国在迈向建设海洋文化强国的进程中，坚持各民族、各地区的团结互助、共赢发展，以社会主义核心价值体系为引领，关注文化民生、培育社会资本、壮大文化产业，以文化促发展，以发展兴文化，全面提升海洋文化的发展力。

二、当代中国海洋文化发展力的丰富内涵：21 世纪海上丝绸之路建设的文化资本

海洋文化作为当代中国文化重要的组成部分，在世代的保存、继承和发展中形成了独具特色的文化资源。海洋文化发展力将成为助推海上丝绸之路建设的智力支持和内生力量。中国是世界上历史最为悠久、文化最为厚重的文明大国，不仅拥有 960 多万平方千米的陆地疆土，还拥有约 300 万平方千米的蓝色国土。中国不仅具有幅员辽阔的大陆海岸带、近海岛屿和环中国海海域，海上丝绸之路更是连接东西方文明的文化之路。中华民族自古就具备厚重的海洋文化气质——“变革图强思想、探索冒险精神、全面开放理念、吃苦耐劳品格”。海洋文化的这些先导性、多元性、原创性、进取性、包容性等特性正是海洋文化的传统品质和现代精神，体现了人在面对客观世界的主体性力量——自在、自由、自为与自觉。海洋文化发展力四位一体的发展体系——文化包容力、文化和谐力、文化开拓力和文化创新力，正是人在客观世界里展示主动性、能动性和创造性的具体表征。

1. 文化包容力

当代中国海洋文化发展力的首要体现就是文化包容力。包容性是海洋文化最显著的文化特质，包容使文化具有强大的延展性和生命力。包容强调的是全面、公平、协调，更加具有人文关怀。中国文化之所以超越了几千年的时空而历久不衰，包容性是其关键因素。包容性是未来世界文化的发展趋势。老子说过：“上善若水，水善利万物而不争。”这正是海洋包容性的生动写照。在多元文化视角下，包容性体现为对多元文化的吸收、容纳和宽容、包涵，这种模式促进了多元文化的生长，而多样化正是文化发展的重要标志，促使了现代文明的繁荣与兴盛。文化的多样性促进了竞争，也促进了融合。

在文明开放性的前提之下，每一种文化为了在竞争中继续保持存在的优势，都会尽可能保存自己的文化特色而选择性地吸收其他文化的优长，不断发展以求生存。海洋文化正是接纳了各种文化，成为多元文化的交流和融汇，因而海洋文化是一个博大精深、开放包容的体系，厚德载物，兼容并包，表现出一种平和包容的处世态度。未来的中国将是一个更加开放包容、文明和谐的国家。中国道路是一条包容性发展之路，“一带一路”倡议体现中国以更加开放包容的胸怀参与国际事务，中国发展将惠及全球。一个国家、一个民族，只有开放包容，才能发展进步。唯有开放，先进和有用的东西才能进得来；唯有包容，吸收借鉴优秀文化，才能使自己充实和强大起来。我国著名社会学家费孝通先生提出的“各美其美，美人之美，美美与共，天下大同”也充分反映了中国文化开放包容、兼收并蓄的胸怀。

2. 文化和谐力

文化和谐力是当代中国海洋文化发展力的重要内涵。最能体现中华传统智慧和现代文明精髓的就是和谐。和谐文化是当前我国文化建设的重要主题，全社会都在构建和谐家园，倡导和谐理念，营造和谐氛围。海洋文化的包容并不是不择巨细地兼容并包，而是在包容中体现和谐与秩序。文化自觉的“世界大同”不是只有一种文化的“文化一统”格局，而是对自己文化有自知之明，对别人的文化有知人之明。多元的文化形态在相互接触中互相影响、互相吸收、互相融合，呈现“和而不同”的对话交流态势。中国的海洋文化以和谐、和平、和合为基本的价值取向。各文化交流、借鉴、融合既具有悠久的历史，更有广阔的前景。早在先秦时代，史伯和晏婴就对“和谐”进行了理论规定，即“强调以不同的元素相配合的矛盾的均衡和统一”，其后孔子、孟子、荀子等先秦儒家在此基础上发展了这一和谐统一观。海洋文化能够把许多不同的东西凝聚在一起。只有这种和谐力才能真正做到各民族和各国家之间的和平共处、共存共荣的结合；只有这种和谐力才能使世界文化呈现东西融合、古今贯通的新趋势。和谐力体现在多元的文化背景之下和而不同的思维方式，融通、和解，在差异性、多样性和矛盾性中实现对立统一，求同存异，化解分歧，实现团结稳定。对差异性的理解与尊重，对多样性的协调与接纳，对独立性的肯定与保障，追求自由与平等，力求在更高的层次上实现和而不同，达到融洽、协调和有序的状态。和谐是中国特色社会主义社会的本质属性，当代中国海洋文化继承和发展了中华传统“和”文化，进一步助推科学发展、和谐发展。

3. 文化开拓力

文化开拓力是当代中国海洋文化发展力的核心要件。在明代大航海时代，郑和就曾说过：“财富取自于海洋，危险也来自于海洋。”与陆地的踏实安稳相比，海洋环境变幻莫测意味着人类与海洋的交往需要更多的魄力和勇气——这就是海洋文化的开拓力。随着人类认知的推进和生产力的进一步发展，从近海地带到远洋航行，人们把探索的目光和脚步探向了海洋——一个更宽广更辽阔的未知领域，显示出雄健、恢宏的开拓精神。随着人们以海为田，利用优良的港口努力向海洋讨生活，不仅在造船、航海、捕捞等方面积累了丰富的经验，而且也积淀了勇敢开拓的人文精神。海洋充满挑战也充满了吸引，充满了热情也充满了危险。从陆地进入海洋不仅意味着人类对自我挑战的成功，也意味着人类的认知跃进了更高层次，人类正是凭借这份开拓的精神，极大地推进了世界历史发展的进程。今天，全球化的挑战无论从哪一方面而言都是人类历史前所未遇的。可以说，没有勇往直前的开拓力，没有激情蓬勃的进取力，人类要攀上一座又一座的科学、人文、艺术上的高峰都是不可能的。现代海洋是开放性的，现代海洋精神是外向、开放、探索、开拓，现代的海洋工作者形成北礵精神、南极精神、大洋精神、海监精神、载人深潜精神等一系列宝贵的精神财富。梳理和凝练具有时代特色的现代海洋精神，对于鼓舞和激励人们开拓进取、奋发图强具有深远的意义。

4. 文化创新力

文化创新力是当代中国海洋文化发展力的典型特质。海洋文化的创新力是全方位多角度的，因为它总是善于从异质文化中汲取养分并进行整合创新。在地理空间分布上，我国沿海地区和内陆地区的发展具有明显的差异性和不均衡性。沿海地区由于交通便利，人们彼此之间的交流频繁，思想观念活跃，市场经济发育成熟，创新意识、开拓精神强。沿海城市利用近海优势，首先与世界接轨，文化的发展具有明显的多元性、兼容性和开放性等特征。浙江海洋学院教授方牧撰写的《海坛铭》生动地刻画出了海洋精神这种澎湃不息的创造性和生命力："海洋磅礴天地而不自大，充沛宇宙而不自满，不盈不竭，无际无涯，堪称大德示范；大海挟风暴雷霆之威，与天比高，骋激流奔腾之势，与地争雄，海动则天地动，海兴则国家兴，众不可犯，海不可侮，人们应该敬畏海洋，由敬及爱；大海又是变化无穷的，鲲鹏化而风起，鱼龙变而文生，海运新，生命在常动不已。"沿海地区人口的流动性、变动性明显，人口的流动也促进了文化的交流和变迁，促进了思想和观念的开放和多元。开放的时空与开放的思维结合在一起，集聚起各种市场要素、知识要素、资源要素，为观念、技术和人才的流动提供了自由的时空，培育了海洋文化敢为人先、勇于冒险、自强不息、厚德载物、锐意进取、永不言弃的精神品质。我国的环渤海经济圈、长三角经济圈、珠三角经济圈是全国最有竞争力的三大经济地带，海洋文化的创新力成为最强劲动力，助其驶入发展的快车道。当然，当代中国海洋文化的发展力中，除了包容力、和谐力、开拓力和创新力，仍有许多优秀的文化元素和思想精髓等待挖掘，它们作为一个有机的整体，在促进当代中国的发展中相互融合、相互渗透。

三、当代中国海洋文化助力21世纪海上丝绸之路建设

世界各种文化基于不同的历史背景和时代环境，具有较大的差异性和不兼容性，当今社会的文化冲突受到了全世界的重视。立足于“海上丝绸之路”的传统与当下，21世纪海上丝绸之路建设是文化的交流互通，促进各种文化在全球化背景下互联互通、共生共荣。

1. 保护海洋文化遗产，培育全民海洋意识

中国有18000多千米的大陆海岸线、7600多个岛屿，沿海、港口、航道都蕴藏着独特而厚重的文化内涵和价值，在数千年的历史积淀中创造了灿烂辉煌的海洋文明，留下了广泛而丰富的海洋历史文化遗产，其数量和价值难以估量。在进行现代化开发的过程中，要经过认真慎重的调查筛选，不能在加工改造中破坏那些容易被忽略的海洋文化遗产。海洋文化遗产既包括海洋物质文化遗产，也包括海洋非物质文化遗产，前者如古航线、古渔村、古庙会、涉海文化遗址等文化古迹，后者如与海洋密切相关的各种礼节、惯习、信仰等。对海洋文化的研究要致力于探索海洋文化的本源。中国海洋文化源远流长，中国传统海洋文化涵盖海防文化、妈祖文化、海坛文化等，目前对传统海洋文化的发掘整理力度仍不够，对中国海洋文化史的研究不够深入，不少珍贵的海洋文化资料没有完整地传承下来，如徐福东渡传说、佛教文化影响、龙王信仰、煮海晒盐习俗、捕鱼走船号子、渔姑思亲民谣等。对散落于民间的海洋文化记忆要进行深度挖掘，充分挖掘整理丰富悠久的海洋文化历史遗产，弘扬新时期海洋文化精神，去伪存真，去芜存菁，推陈出新，还原为老百姓喜闻乐见的生活现场；保留在古老的祭海仪式中传承了人海和谐、生生不息、相得益彰的科学发展理念，摒弃封建迷信成分，自信而不迷信，庄重而不沉重，祈求而不妄求，突出敬重海洋、感恩海洋、善待海洋、保护海洋的理念，体现浓厚的海洋文化意识和海

洋保护意识，激发人们的海洋感情，培育全民海洋意识。培育优秀的海洋文化精品项目是重要抓手，如海洋文化学术研讨会、海洋文化产业贸易洽谈会、海洋文化旅游合作项目等，共同探讨各国海洋经济、海洋文化方面的成果。“厦门国际海洋周”国际交流论坛、“世界海洋日暨中国海洋宣传日”活动、宁波的“海上丝绸之路文化节”和“中国开渔节”、舟山的“中国普陀山南海观音文化节”等，这些海洋文化节庆活动已经成为国家级海洋文化品牌项目，已经连续举办了多届，在国际上都有较大的辐射力和影响力。

2. 借鉴其他文化优长，促进多元文化交融

任何文化都不可能孤立存在，只有借鉴和吸收其他文化的优秀成分，才能兼收并蓄，发扬光大。中国创造了五千年的辉煌灿烂的华夏文明，弘扬中国文化，就要以更加开放的姿态对其他优秀的文化成果兼收并蓄，以文化大国的底气充分彰显中国文化自信、文化自觉。海洋文化在历代文化的发展、迁徙、融合过程中，与内陆文化、中原文化等相互促进，产生了强大的凝聚力、感召力和生命力，是中华民族共同的精神家园。海洋文化通过跨地区的辐射与交流，异质文化间的碰撞与融合，催生了新的文化生态，愈发显现出强大的生命力。文化是由习得的行为和观念模式所构成，因此随着人类社会的发展需要，文化也在发展过程中不断变迁，不同文化的交汇产生文化的增添、文化的融合、文化的同化或文化的综合，既可以放弃旧的文化特质，也可以习得新的文化特质，所谓“时运交移，质文代变”（《文心雕龙·时序》）说的就是文化变迁的道理。亨廷顿提出的“文明冲突论”描述了文化冲突造成的矛盾和问题。各个国家、民族和宗教之间的文化碰撞与文化冲突确实是屡见不鲜，无论是哪一个国家和民族在这个问题上都会遇到严峻的挑战。根本的解决思路就在于文化的包容力。在全球化的过程中人类不能囿于固定的思维框架，多元文化的对话才有可能圆满地处理这些矛盾。

一些现代和后现代的理论家已经关注到这个论域，如哈贝马斯的商谈伦理也是一个有益探索。人类必须对由自己创造的文明进行反思和省察，在欣赏本民族的文化时，也能尊重和欣赏其他民族的文化，摆脱无意义的争端与纠缠，最终达到多元文化的对话与交融。中国是一个学习型社会、创新型国家。从改革开放到一国两制，从经济特区到市场经济，从企业运作到政府管理，从科技研发到文化产业……我们在各个领域、各个行业吸收借鉴先进的经验和成果，并根据中国的具体实践进行本土化结合，兼收并蓄，从善如流，博采众长，推陈出新。正是这种强大的创新力使中国在各方面迅速地开创了新生面，取得了令世人瞩目的成绩。在当今的时代背景下，加大对海上丝绸之路的文化合作交流研究更是时代的吁求。古今中外的历史都证明，一个国家对外的文化交流合作越多，国家就越繁荣富强，经济就更加兴旺发达，所以海上丝绸之路与文化的交流合作始终是紧密联结交织在一起的。

3. 发掘海洋文化潜能，发展海洋文化产业

海洋文化产业作为新兴的产业业态，是海洋文化与海洋经济高度融合的产物，对于推动城市产业转型升级，提升文化名城的综合竞争力具有重要意义。“一带一路”沿线国家蕴含着巨大的市场商机，21 世纪海上丝绸之路可以打造成多元文化产业贸易通道，内外统筹，海陆统筹，多方推进，实施重大海洋文化产业项目带动战略，打造海洋文化产业基地和区域性特色海洋文化产业群建设，打造招商引资、集聚产业的文化平台。探索建设创新型国家，国家产业结构优化升级，文化产业将成为支柱性产业。法国经济学家佩鲁曾指出，文化价值对社会发展具有决定性意义。文化产业能够助推经济的转型升级，由传统产业向现代产业转化，由资源消耗型向知识密集型转化，由低端价值向高端价值转化，由挤占市场份额向创造市场需求转化。中国要建设 21 世纪文化强国，必须要有强劲的文化产业动

力作为支持，充分利用海洋文化资源走创新驱动路径。海洋文化是人类涉海中物质财富和精神财富的总和，蕴含着巨大的发展潜能与价值。文化发展成为中国改革开放依赖经济发展最具活力的增长点。海洋文化发展力是一个综合性的概念，不仅可以贡献生产发展，而且为文化产业的发展增加附加值，成为新科技成果的载体，为民众提供丰富的文化产品。文化发展力作为国家综合实力的标志之一，与经济发展力常被形象地比喻为国家综合实力的“车之两轮”和“鸟之两翼”，世界各国也都以提升本国文化发展作为抢占未来发展先机的重要战略目标。文化产业发展是现代文明的显著标志，把文化纳入经济决策已经成为人们的共识，文化发展成为国家发展战略的重要组成部分。海洋文化作为优秀的文化资源，要利用其文化优势，充分促进文化与经济的互动。与内陆文化相比，海洋文化本来就具有重商性的特质，海洋文化兴起的重要原因之一就是以创造经济利益为主要目的而进行的海洋探索与开发。如海上航线、海上贸易、海洋资源开采等，这些海洋活动形成了最初的财富积累。海洋文化的兴盛需要有产业化推动。海洋文化产业作为新兴的朝阳产业，也要按照产业化的运作规律对海洋文化要素进行开发，焕发出市场的生机。文化产业创新是关键。当代海洋文化产业知识、技术密集、含量高、智力因素影响巨大。海洋文化产业是由海洋文化和产业化两大要素构成的，其中海洋文化是基础性要素，它是海洋文化产业发展的基础性动力；产业化是结构性要素，它决定了海洋文化产业的经济构成。山东、江苏、浙江、福建、广东这些省份既是海洋文化资源集中的地区，也是我国经济实力雄厚的地区。改革开放30多年来，这些省份依托内部和外部的优势已建成一定规模的文化产业集群区。在下一步的开发日程中，要抓住海洋经济蓬勃发展的契机和海洋开发上升为国家战略的机遇，充分挖掘和利用丰厚的海洋文化资源，对海洋文化资源进行一体化、全方位的开发，形成以涉海影视、动漫游戏、出版发行、海洋民俗、海洋节庆、海洋探险、滨海旅游、休闲渔业、主题公园、海洋遗址等为主体的海洋文化产业集群，创建特色海洋文化品牌。自2010年上海成功举办世博会，长三角形成了海洋文化产业集聚区，在旅游、影视、传媒、娱乐、会展等多方面取得长足进展，形成差序化、一体化、多样化的发展格局。各市根据自身条件和优势，精心选择有比较优势和发展潜力的海洋文化产业，重点突破，做大做强。如舟山市，作为我国唯一以群岛建制的地级市，区位优势明显，形成了具有自身发展特色的海洋文化产业，形成“一心一核四组团”的东海海洋文化休闲产业圈。这种空间布局形成了城市的文化魅力，使舟山市近年来先后斩获“中国优秀旅游城市”“中国海鲜之都”“中国旅游竞争力百强城市”等盛誉，发展具有舟山特色的海洋文化产业。当然，发展海洋文化产业尤其要注意环境与政策的完善和配套。比如，完善海洋文化产业法律法规，制定合理发展的规划，整合海洋文化资源进行合理的保护利用；延长文化产业链，增加产业附加值，如以滨海旅游带动其他上下游产业发展；加强海洋文化人才队伍建设，完善涉海专业教育，建设海洋类人才数据库，为海洋文化发展提供智力支持。立足国内外市场，增加文化元素，提高海洋文化产业竞争力。

精神和文化是个人、民族、国家最为本源和稳定的内在的精神特质，决定着人的精神状态和社会发展方向。文化从根本上而言在于其对人性的发展和提升，并内在地保证了民族和社会、历史的发展进步。社会和文化作为人类的两种基本活动方式，互为因果和互为条件，文化观念的变革成为社会发展的前导力量，为社会发展提供着目标理想和精神动力。文化发展力是人类社会现代精神普遍自觉的时代呼唤。今天我们在全球化的语境下探讨海洋文化的精神蕴含，就是要从哲学的高度来理解文化、精神的自然形态和伦理风俗，通过“反省和理解”民族精神而达到文化上的自信和自觉，这是一个民族振兴和国家发展的迫切需求。海洋文化是中国的传统优秀文化的重要组成部分，也是社会主义核心价值体系的有机组成部分，经历了几千年一层一层地积淀下来的、有着强大的精神内核和精神力量。这些精神力量运用到现实当中会显示出文化的解决力、穿透力、和谐力和包容力等精神力量，关键是我们如何把这些文化上的特点用现代语言明确地表述出来，从而形成普遍的共识和认同。从全球的经济发展趋势来看，中华民族要在21世纪实现新的腾飞，要注重壮大发展力强劲的文化形态，在文化观念、生活方式、思想价值等方面全面引领社会进程，植根于生活，熔铸于经济，提升全球发展的竞争力，这才是反映社会全面发展程度、个人自我实现程度的最根本的指标。人类及其文化，包括海洋文化，都在新的起点上延伸，从“此在”“有限”中走向无限和永恒。在这样的语境中，文化的使命在于使人类的未来属于自己。海洋文化与农耕文化、高原文化、游牧文化、草原文化等各种文化一样是中国优秀传统文化中的重要组成部分。这种优秀的传统文化是民族精神与民族信念的表征，是民族意志与民族情感的承载，是促进一个民族和国家兴盛和强大的精神动力，体现出个人生存和民族精神的内在统一性。和谐包容、创新进取——这种发展力作为大写的“人”的精神意蕴的时空穿越，是我们五千多年文明历史的智慧结晶，是社会历史中人作为塑造自身命运与反映生存意志的深度贯通，已经深深植根于我们民族的发展历史当中，作为凝聚、融合民族情感的精神内核，延绵承继、薪火相传，生生不息。我们从当代中国海洋文化的特性中可以反观我们的民族性格与民族精神，也可以从国民历史修养中提升民族文化力的自信自觉，荡涤胸襟，志存高远，构筑华夏民族和谐安康的精神家园，复兴中华民族跨越腾飞的世纪伟业。

第二节　中国海洋文化全球传播的现实契机

习近平总书记在2013年底提出建设“丝绸之路经济带”和“21世纪海上丝绸之路”的倡议后，这一倡议备受世界瞩目，其陆海统筹、合作共赢的宗旨，框定了我国创新区域合作模式、坚持陆海相依方针、面向全球发展的全方位开发格局。2016年7月1日，在庆祝中国共产党成立95周年大会的讲话中，习近平总书记再次强调：“中国坚定不移实行对外开放的基本国策，坚持打开国门搞建设，在‘一带一路’等重大国际合作项目中创造更全面、更深入、更多元的对外开放格局。”丝绸之路是陆路与海路的交通大集合，“一带一路”更是陆地和海洋全方位、立体化的开发和连通。某种意义上，“一带一路”就是统筹陆海两大方向，连接三大洋——太平洋、大西洋、印度洋和五大海——里海、波罗的海、黑海、地中海、红海广阔地域，贯通从太平洋到印度洋和大西洋的商贸、文化大通道，是破除陆海割裂、区域阻隔，构建联通世界、陆海一体的战略大走廊。因此，从海洋对“一带一路”支撑的维度上看，“一带一路”可以说就是海洋事业的大开发、大发展，就是海洋文化的大传播、大交流。即使至目前，我国海洋文化传播的实践和理论研究的态势都不容乐观。在当今的海洋世纪，我国的海洋文化传播基本置于大众传播的狭小地带，海洋文化的国际影响力和渗透力较为软弱，国内民众的海洋意识严重欠缺。在专业性的学术领域，关于我国海洋文化的大众传播研究仍是一个较为弱小和荒芜的领域。当下探讨"一带一路"愿景下丝路文化与海洋文化、丝路精神与中国海洋文化精神之关系的研究成果更是鲜见。从整体上看，我国新闻传播界对在"一带一路"愿景下对开展中国海洋文化全球传播的研究和关注远远不够，缺少对这一问题的系统梳理和学理思考。

中国是陆地大国也是海洋大国。对中国来讲，"一带一路"实际就是将开放的海洋体系同相对封闭的大陆体系进行整合的一种尝试，既发挥传统陆上文明优势，又推动海洋文明发展，构建中国陆海兼备的文明型国家形象。这不但需要海洋事业发展的硬实力，更需要海洋文化软实力的支撑、导向和引领。世界海洋时代的发展需要中国的海洋文化，"一带一路"倡议的建设和开发也离不开中国海洋文化的传播。因此，探索、把握在"一带一路"愿景下中国海洋文化全球传播的契机，改变我国以陆地思维为主导的区域性传播体系，从而满足海洋时代对海洋文化的传播需求，促进我国内陆文化和海洋文化的相辅相成，已成为具有战略性、紧迫性和现实性的重要课题。基于此，本节提出在"一带一路"倡议下实现中国海洋文化的全球传播必须把握如下三个契机。

一、"丝路文化"的国际研究与复兴热潮有利于扩大中国海洋文化的传播与影响

"丝绸之路""海上丝绸之路"，目前已成为国际通用的学术名词，丝路文化也成为国际学术研究的热点对象。进入 20 世纪 80 年代，随着全球经济一体化趋势的逐渐显现，世界各国、各地区间的交流往来进一步加强，人们越来越注意各国历史上的贸易和文化联系，"丝绸之路"的研究获得了空前活力。1986 年，联合国把"丝绸之路"研究作为重大科研攻关项目，列"世界文化发展十年"三大计划之首。第二年，联合国教科文组织又启动了主题为"对话之路"的"丝绸之路"

研究计划。1988年，作为对联合国“世界文化发展十年”计划的响应，联合国教科文组织启动了“丝绸之路”总体研究计划。在这一计划下，联合国教科文组织仅在20世纪90年代初就连续举行了荒漠路线（西安—喀什）、海洋路线（威尼斯—大阪）、草原路线（中亚）、游牧路线（蒙古国）、佛教路线（尼泊尔）五次国际性考察及相关重大学术活动。我国著名的海上丝绸之路研究专家陈炎先生亲身经历了海洋路线（威尼斯—大阪）的考察。据陈先生介绍，这次考察活动历经16个国家，在沿途重要港口召开学术研讨会多达19场。仅从马尼拉召开的国际会议上提交的12篇论文来看，几乎所有论文都涉及中国文化对海上丝绸之路的影响。这些考察以及学术活动大大拓展了“丝绸之路”研究的领域，促进了“丝绸之路”沿线地区不同文化之间的对话和理解，尤其传播了中国的传统文化和海洋文化。耶鲁大学历史教授和作家茵乐伟·韩森砰曾指出，贸易并非丝绸之路的首要目的，丝绸之路之所以改变了历史在很大程度上是因为在丝绸之路上穿行的人沿途播下了文化的种子。21世纪以来，随着全球化进程的迅速发展，尤其是在中国明确了构建“一带一路”倡议之后，研究丝绸之路在政治、经济、文化、艺术、宗教和科学技术等方面对整个东西方文化之间的交流作用，已成为当今学术的热点和重点。

陆海两道的丝绸之路还是“茶叶之路”“瓷器之路”，而且更重要的是它联通了欧亚大陆、中国与非洲的文明交流，进而形成的丝路文化也成为丝路沿线国家世世代代共同的文明成果。在当前“一带一路”的倡议下，丝路文化和中国海洋文化的传播有着更为丰富、更为深刻的联系和互动。为此，进一步培养和明确中国海洋文化传播的协调、共享和多元理念十分重要。

（1）协调理念的传播

承载和平合作、开放包容、互学互鉴、互利共赢精神的丝路文化之所以为沿线众多国家所认同，就是因为这是不同的文化在古丝绸之路上相互激荡、积淀而形成的世人共知和推崇的文化，是多元文明碰撞与交流的遗产。作为丝路文化不可分割的组成部分的中国海洋文化，依托丝路文化广受认同的基础极其广泛的传播渠道，会较快地得到国际社会，尤其是"一带一路"沿线国家的理解和瞩目。

（2）共享理念的传播

丝路文化一直是全人类的共同财富，丝路精神也并非中国独享。丝路文化既体现了对古丝绸之路精神的继承和发扬，也在不断注入时代的精神和社会发展的新内涵。学界一般公认开放性、多元性、兼容性、崇商性和冒险性是海洋文化的基本特质，从 2000 多年来中国的海洋综合实践活动来看，中国海洋文化显示的是和平、交流、理解、包容、合作、共赢的精神，这与丝路文化的核心理念相契合。因此，体现海洋时代新内容、新理念的中国海洋文化凭借丝路文化这一平台进行传播，一定能给"一带一路"沿线国家带来新的海洋文化成果和海洋发展前景，使其共同分享中国海洋事业和海洋文化发展的新成果、新理念。

（3）多元理念的传播

"一带一路"的倡议是建立在文明融合而非文明冲突的立场上，可以为世界主要文化的传承者提供对话与交流创新的平台。中国海洋文化是近代以前世界史上占有重要地位的五大海洋文化系统之一，对中国乃至世界文化都曾产生过积极的影响。在丝路文化传播中，中国海洋文化同古地中海文化、古印度海洋文化、北大西洋海洋文化与南太平洋海洋文化并不冲突，也不相互抵触，而是多元共存，并行不悖。

"一带一路"倡议下文化建设的着眼点是各相关国家多元文明的群体性复兴，以文化的交流交融为经济建设搭桥铺路。这促使各相关国家不断提升文化的对外开放水平，通过文化的传承和创造性转换使古老文明在现代社会焕发出新的活力。不同文明间的交流与相互碰撞能产生更具宽容精神的共同文化，这比单极思维展示的世界图景更加丰富多彩，更有效率，更具包容性。而中国海洋文化和解包容的精神恰恰与开放包容的丝路精神相契合。因此，围绕“丝绸之路”的国际研究热潮借助丝路文化的复兴与交流契机，中国海洋文化不仅可以展示与丝路文化内在的联系和丰富的内涵，而且可以确立与丝路文化理念的契合点和共同点，进而为扩大中国海洋文化的传播与影响打下文化和思想基础。

二、“一带一路”沿线国家及国际组织的丝路规划与实施可促进中国海洋文化的传播

“一带一路”虽系中国政府首倡，但由于丝绸之路沿线具有丰富的自然资源、重要的区位优势和广阔的发展前景，围绕着丝绸之路的各种国际策略在20世纪90年代已经滥觞。1997年前后，日本、吉尔吉斯斯坦、伊朗、哈萨克斯坦、美国、俄罗斯等国家纷纷提出自己的“丝绸之路”发展计划，一些双边和多边的国际组织也加入进来。为摆脱对有关国家的依赖，发展和提升自身的经济和文化实力，中亚国家如哈萨克斯坦、乌兹别克斯坦、土库曼斯坦、吉尔吉斯斯坦和塔吉克斯坦等在2010年前后纷纷提出了自己的国际发展战略。这些发展战略在强化独立自主发展经济的同时，同样都重视与周边国家的合作与协调。在当今世界的经济格局中，中亚处于欧洲和亚洲东部这两个世界上最重要经济圈的中间支点位置。中亚国家要把地缘优势转化为经济优势和可持续发展的实力，向西就要连同里海、黑海、地中海、大西洋的海洋优势，向东就要借助中国的东海岸面向太平洋的优势，以谋求自身的开拓和发展。显然，中国提出的“丝绸之路经济带”倡议与中亚国家希望借助“丝绸之路”复兴发展本国经济的构想不谋而合。因此，从世界的经济格局和“一带一路”

框架上看，沿线中亚各国拓展东西、联通海洋的战略举措也必然倚重中国海洋事业的发展和海洋文化的兴盛，这为中国海洋文化的全球传播提供了现实的传播契机。在东南亚，尽管一些域内国家与中国在海洋权益方面存在争议，但越南、新加坡、印尼、老挝、泰国等依然就“一带一路”和“两廊一圈”、开拓第三方市场、融资服务、高铁合作等与我国展开磋商，“孟中印缅经济走廊”规划的进一步完善，“中巴经济走廊”框架下重要项目的陆续开工，中亚、南亚与东亚的相互对接与沟通不仅有望成为现实，也使各国的陆海文明进行着大规模的交流与传播。为此，中国海洋文化的全球传播必须先消除以下两个认识上的误区。

误区之一：“一带一路”的中亚、西亚国家多属于内陆地区，不需要对其开展中国海洋文化的传播。

“一带一路”的构建将要打破的正是长期以来陆权和海权分立的格局，实现陆海连接双向平衡，推动欧亚大陆与太平洋、印度洋和大西洋完全连接的陆海一体化，形成陆海统筹的经济循环和地缘空间格局。“一带一路”沿线各国强调的合作共赢既离不开内陆国家与海洋国家的合作，更离不开内陆文明与海洋文明的沟通。而对内陆国家大力传播中国海洋运输、海洋生物医药、海洋工程装备、海水淡化与综合利用等战略性新兴产业发展与提升的信息，也会使内陆国家积极抢抓我国构建“一带一路”倡议的机遇，进而为内陆国家带来合作与发展的机缘。至于中国的海洋旅游、海洋艺术、海洋规划等文化信息的推广与传播，当然会给内陆国家打开了解中国的另一扇大门，感受中国作为一个海洋大国的经济硬实力和文化软实力，扭转中国内陆型的农业大国的形象，提升中国陆海兼备的文明型国家形象。

误区之二：先行做好海洋文化的国内传播，然后再去拓展全球性传播。

我国“一带一路”倡议的规划确立了陆海统筹、合作共赢的宗旨，框定了我国创新区域合作模式、面向全球发展的全方位开发格局。因此，对中国海洋文化的传播就没有先后之举、内外之分，而是要全球传播，全面推广。中国海洋事业的发展同时也需要中国全社会积极参与到国际海洋事务中去。目前，国际海运、海洋环保、海上资源开发、海上维和、海上国际联合军事演习等全球性事务中，中国不仅都在积极参与，也主动与他国进行合作。重视海洋全球参与的信息传播可以为提高中国在处理国际事务尤其是海洋事务中的地位和实力塑造一个良好、内行的海洋国家形象。当然，中国海洋文化传播的策略和具体对策要讲求精细的步骤和内外之别，但在传播的大局认识和综合规划之中，一定要摒弃狭隘的地域思维和内向意识，树立陆海统筹、内外兼顾的“一盘棋”式的全球思维和全域传播意识。

三、国内山海统筹、海陆联动的开放开发布局可助推我国海洋文化在国内的全面传播

“一带一路”即使在国内也超出了“带”和“路”的含义，可以说是山海统筹、海陆联动、东西互济、南北联通。在国内，“一带一路”分西北、东北、西南、内陆、沿海和港澳台等地区板块。正是在这种倡议和布局中，我国各地区均看中了海洋时代的发展特色和提升空间。除了沿海省份依靠地缘优势打造“一带一路”的海上枢纽、门户和战略支点外，各内陆地区省份也积极开拓“一带一路”与海洋的大通道。“一带一路”发展倡议和构建几乎覆盖中国大多数省区，全国山海统筹、陆海相依的发展模式彻底改变了之前点状、块状的发展格局。与之相适应，对中国海洋文化国内传播的认识也要提升到一个崭新的高度。

1. 强化海洋文化内陆地区与沿海地区“一盘棋”式的传播理念

"一带一路"的发展倡议从横向看，贯穿中国东部、中部和西部，沟通我国的内陆地区和沿海地区；从纵向看，它连接了主要沿海港口城市，并且不断向中亚、东盟延伸。这一强调省区之间的互联互通、海陆联动的发展格局不仅将改变中国区域发展版图，而且也昭示着中国海洋文化在中国广大地区尤其是内陆地区传播的必然性和必要性。2015 年 10 月 30 日，《人民日报》刊登了一则消息——《新疆和田近 6000 人告别苦咸水》，报道了由天津海水淡化研究所承建的和田地下水改良工程落成产水，新疆和田县布扎克乡近 6000 名维吾尔族群众告别苦咸水这一新闻事件。该新闻报道引用海水淡化科研技术人员的话说，平时看起来"不相干"的海洋部门也可以为新疆地区解决民生问题，海洋科技同样可以在西部建设中大有作为，由此深刻地挖掘了海水淡化技术对西部大开发的作用和意义。"一带一路"作为我国新的改革开放的愿景规划，将从经济、文化等各方面打破长期以来内陆与沿海分立的格局，也将西北、西南地区纳入开放的前沿，破除陆海割裂、区域阻隔，实现陆海平衡发展。"一带一路"的发展现状要求我们对中国海洋文化的传播必须具备海陆统筹、"一盘棋"式的认识高度，只有在这个高度上进行海洋文化传播，才有可能在内容上具有较宏阔的视野和综合的格局，进而增强海洋文化传播的深度和广度，为受众带来全景式的感受和全面的阅读效果。

2. 重视建立海洋文化针对国内民众亲民式的传播平台

国内山海统筹、海陆联动、全面开放开发的规划与实施，是中国全社会关注、参与海洋事业、海洋文化发展的大好时机，也是全面提高全民的海洋意识、海洋思维，扭转中国内陆型农业大国的形象，树立中国海陆兼备、有实力、负责任的海洋大国形象的最佳机缘。然而，正如有的论者所说，我国目前海洋文化传播的内容，官方消息来源占比过大，学者、协会、个人、个体经营者占比太小，亲和力不够。各海洋事业的可持续发展和海洋强国的建立都必须依靠公众及社会团体的支持和参与，海洋文化讯息也必须在亲民的平台上进行传播。这种亲民平台的性质重要的是对海洋文化、海洋事业的民生视角解读和传播媒介使用的普遍性和参与性，使中国海洋文化的传播真正与民众的生活息息相关，保持“零距离”接触。

当今“一带一路”的开发和推广，不仅是各国经济和贸易全面发展的机会，也给中国文化和世界各地文化的传播带来了巨大的契机。“一带一路”陆海统筹、合作共赢的宗旨为中国海洋文化搭建了国内、国际传播和交流的平台，提供了中国海洋文化融通发展的机遇。在“一带一路”倡议下，中国海洋文化完全可以也能够把握“丝路文化”的国际研究与复兴热潮、“一带一路”沿线国家和国际组织的丝路规划与实施，以及国内山海统筹、海陆联动的开放开发布局等现实契机，充分展开国内与国际多层面的立体传播，扩大中国海洋文化的全球影响，实现自身价值、经验的全面弘扬和高度认同，进而实现与全世界共享中国海洋事业和海洋文化发展成果的目的。

第三节 海洋文化对海洋生态文明建设的影响

一、中国海洋文化的特点和精髓

1. 中国海洋文化的特点

（1）中国传统海洋文化

探讨中国传统海洋文化的特点需要从中外海洋文化的对比上入

手，通过两者异同的分析，发现和挖掘中国海洋文化的特征。首先，从海洋文化发展历史上看，中国有着悠久的海洋文化传统，其特点受到陆地文化的影响，其大气与包容的表现力，丝毫不逊色于西方国家。随着古代中国经济、制造业的发展，航海技术、海洋捕捞以及海上贸易日渐发达，当时中国航海已经完全统治了东亚、南亚以及印度洋海上航线，海上贸易空前繁荣，海军力量也逐渐壮大，进而形成了中国古代海上丝绸之路，在促进中外贸易、文化交流的同时，也丰富了中国传统海洋文化的内涵。其次，从海洋文化发展实质上看，较于西方的侵略掠夺性，中国海洋文化更倾向于和平、自由、平等的理念。早于西方地理大发现的郑和远航成为我国古代航海史上的巅峰。这一时期可谓是中华传统海洋文化的繁盛时期，海洋文化的发展程度遥遥领先于同时期的西方诸国。但是这一时期，中国海洋文化更多关注的是海洋物质文化和海洋精神文化的形成，却忽视了对海洋文化的整体保护与传承，使得中国古代海洋文化达到最高峰后陡然跌落，使中国慢慢失去了海洋战略的优势。最后，从后郑和时代海洋文化由开放走向内敛上看，郑和最后一次下西洋后，明朝颁布了海禁命令，从此中国海洋文化一蹶不振。特别是清王朝实行闭关锁国政策，放弃了正常海上贸易与文化交流，隔离了中国与世界各国物质、文化、技术的往来，原有的传统海洋文化体系被西方的坚船利炮打得支离破碎，海洋文化伴随着民族命运的多舛一步步走向衰落。

（2）"一带一路"新时期的中国海洋文化

以习近平同志为总书记的党中央着眼于实现"两个一百年"的奋斗目标，提出建设"一带一路"倡议的伟大构想。在建设"一带一路"的进程中，我们应当坚持文化先行，通过进一步深化与沿线国家的文化交流与合作，促进区域合作，实现共同发展，让命运共同体意识在沿线国家落地生根。在经历了百余年不屈抗争和艰苦奋斗之后，我国各项海洋事业有了长足的发展与进步，作为“一带一路”进程中重要文化体系之一的海洋文化也迎来了伟大复兴的新时代。面向新世纪，我们在继承中国传统海洋文化的基础上，更要重视海洋文化的发展与传播，明确新时期中国海洋文化的内涵，包括海洋意识的提升，海洋知识的普及，海洋文化遗产的挖掘与保护，海洋教育的加强与深化，海洋技术的创新，海洋文化产业的壮大，海洋生态文明建设等方面内容。新时期海洋文化的传承与发展要结合复兴海上丝绸之路，以深化睦邻友好、聚焦经济合作、扩大互惠贸易、加强金融与安全领域合作、密切人文和科技合作、推进海洋生态文明建设等为重要途径。

2. 中国海洋文化的精髓及核心

中国海洋文化是伴随着海洋历史的发展而逐渐形成、发展、交融和演变的，在不同历史阶段有不同的特点及表现形式。我们在不断关注人类与海洋及其衍生物关系的同时，合理分析面向未来的中国海洋文化特点，凝练出其核心内容，对于我们在新时期更为准确地认识和把握海洋，更为合理地开发和利用海洋具有重要现实意义。中华民族历来有着海洋一样开放的胸襟，奉行“海纳百川”的哲学理念，这就决定了中国海洋文化也有兼容并蓄、和谐共荣的特色。中华儿女自强自立，才使得中华民族生生不息。因此，中国海洋文化也融入了正义、和谐共存、持续发展的精神特质。中国海洋文化发展到今天，历经岁月洗礼与沉淀，世代海洋人薪火相传、生生不息。在海洋文化逐步发展的历史长河中，我们有过波澜壮阔的远航壮举，也曾有过多灾多难的屈辱历程。中国海洋文化作为一种意识，不断被时代所传承；作为一种行为，又具有不可逆性；作为一种理念，遵循与时俱进；作为一种符号，体现着民族特征。笔者认为，中国海洋文化的核心内容就是海洋意识领域的包容性、海洋精神领域的进取性和海洋行为领域的共享性。

二、海洋文化与海洋生态文明的关系

海洋生态文明具有丰富的内涵，可以概括为“六因子论”，即海洋意识、海洋产业、海洋行为、海洋环境、海洋文化和海洋制度六个因子。海洋文化作为海洋生态文明的重要组成部分，其对海洋生态文明建设与发展的作用是不容忽视的。

1. 海洋生态文明是海洋文化的重要表征

纵观海洋文化发展史，伴随着人类社会的每一次进步，海洋文化历经农业文明、工业文明，最终发展成今日的生态文明。人类的海洋文化从贝丘遗迹、牧海耕田到郑和下西洋、航海大时代再到工业革命、海权争霸，历经沧桑之后最终以“人与自然和谐”的哲学表达方式界定为生态文明的海洋文化，在体现当今海洋文化重要特征的同时，也实现了海洋文化与海洋生态文明的和谐统一。新时期的海洋文化以海洋生态文明为载体，在人与自然的生态和谐、人与人的社会和谐基础上两者相互促进，彼此影响。人类为了更有效、更持续地对海洋资源和海岸带资源进行开发与利用，在探索海洋生态环保和海洋生态平衡的过程中，形成了海洋生态文化。海洋生态文化是海洋生态文明对海洋文化的具体表达形式，是海洋文化与海洋生态文明的有机结合，是一种可持续的海洋发展观。

2. 海洋文化是海洋生态文明的灵魂

无论海洋文化在何种社会形态中以何种方式存在，其对海洋生态文明的灵魂作用始终都没有变化。回顾海洋文化发展的不同阶段，从萌发于地中海融入西方冒险、征服、掠夺人文特性的欧洲海洋文化，到崇尚和平、自由的东方妈祖文化、渔家文化，再到新世纪全球可持续发展的蓝色生态海洋文化，都始终影响着人类在不同阶段对海洋的开发与利用，以及海洋生态文明的发展程度。应该说海洋文化包含海洋生态文明的价值观，特别是海洋生态文化以“尊重海洋、保护海洋”为理念，以生态价值观指导海洋生态文明的发展与建设，是海洋生态文明的母体，是影响海洋生态文明在物质、制度、精神、行为等层面发展程度的关键因素。这种灵魂作用已渗透到海洋生态文明的各个领域，是海洋认知、海洋意识、海洋行为的最终体现。

三、海洋文化对海洋生态文明建设影响力的表现

1. 有助于培养海洋意识

目前关于海洋意识的概念没有明确定义，诸多学者也都对此进行了探讨。何兆雄在《试论海洋意识》、杨成志在《海洋意识初探》、冯梁在《论 21 世纪中华民族海洋意识的深刻内涵与地位作用》中都对海洋意识进行过阐述。2016 年 6 月 25 日，国家海洋局正式对外发布“国民海洋意识发展指数评价指标体系”，认为目前国民的海洋意识在内容上包括海洋自然意识、海洋经济意识、海洋文化意识、海洋政治意识 4 个一级指标，20 个二级指标，47 个三级指标。一个民族海洋意识的发展程度直接影响着整个民族对海洋的认知水平与重视高度，是建设海洋生态文明的重要前提。而海洋文化作为人类与海洋互动、融合的产物，正是培养优秀海洋意识的文化与认知基础。在内容丰富、人海和谐、重视可持续发展的海洋文化引导下，人们将逐渐培养形成海洋生态的忧患意识、参与意识和责任意识，进而树立海洋生态的道德观、价值观和文化观。随着海洋文化在各领域的渗透与繁荣，各种海洋文化资源也会通过教育、宣传等渠道潜移默化地深入人们的意识领域，为人类海洋意识培养打下良好基础，为海洋生态文明建设提供基础保障。

2. 有助于规范海洋行为

海洋行为本应是以统筹、高效、发展的方式进行海洋资源集约与综合利用的行为，是以充分考虑海洋承载力为前提，遵循自然规律，保护海洋生态环境的海洋生产活动。海洋文化作为海洋生态文明的

智力支撑与精神动力，在规范海洋行为、科学合理开发与利用海洋资源、保护海洋环境、统筹海洋资源利用率等方面发挥着积极作用。伴随着国际海洋文化的不断融合与发展，海洋文化的优势在海洋科技与海洋环境领域得到了充分体现，在提高海洋科技水平，促进海洋成果转化，培养优秀的科技人才，打造海洋生态评估、利用、评价平台体系等方面起到了积极推动作用。同时具有时代性质的海洋文化将会着眼于未来海洋的发展与综合利用，也是从更高角度去规范人类的海洋行为，成为保护海洋、开发海洋和建设海洋的先进动力。海洋文化作为海洋精神文化、物质文化和制度文化的总和，为建立健全更高社会形态的海洋法律制度提供了良好的理论依据与历史基础。海洋法律制度也不再孤立，而是作为海洋文化的一部分，更好地指导和规范各种海洋行为，为海洋生态文明建设提供制度保障。

3. 有助于提升海洋文化产业比例

海洋文化产业是指从事涉海文化产品生产和提供涉海文化服务的行业。海洋文化产业范围比较广泛，涉及旅游、休闲、历史、民俗、工艺、新闻、艺术等多个行业。伴随着我国海洋事业的蓬勃发展，海洋文化产业方兴未艾，并已在海洋产业领域显示出明显的优势。海洋文化产业的异军兴起不但丰富了我国海洋产业的内容与形式，同时也促进了海洋传统产业的结构调整，更有利于海洋文化的传承与发展、海洋生态文明理念的社会传播。针对目前海洋生态系统的脆弱性和不可再生性，结合人类在海洋开发和利用过程中存在的投入、开发、结构、布局等诸多不合理问题，传统海洋产业需做出调整、优化和升级。而海洋文化产业的发展既保证了海洋经济的提高又保护了海洋生态系统，充分体现了人与自然和谐共生的生态观。海洋文化作为海洋文化产业的基础，既指导人们不断重视海洋文化遗产、海洋活动、民俗、庆典等方面的继承与发展，又有助于提升新兴海洋文化产业在传统海洋产业以及海洋经济结构中的比例与地位，进而形成了更为合理的海洋产业比例关系，使之达到海洋生态文明建设进程中海洋产业结构优化配置的基本要求。

4. 有助于更科学地进行海洋生态修复与补偿

海洋生态修复与补偿主要是通过人为方式采取科技、经济、法律等手段对已经遭到破坏的海洋生态系统进行外部干预，通过海洋系统的自身修复来逐步降解生态恶化成分，逐步恢复系统再生能力，最终实现人海和谐共生的可持续海洋生态局面。然而从人类文明发展史上看，现阶段每一次海洋文化的大发展对海洋生态系统来说都可能是一次严重创伤。当我们以美丽的荧光海岸作为海洋旅游业宣传的卖点时，近岸海洋生物却遭受着赤潮的威胁；当浩浩荡荡的远洋捕鱼的大时代到来之时，我们却忽略了生物资源的枯竭和生物量下降造成的生态系统瓦解；当一次又一次发现海底油田而大肆开发时，多少次的漏油事件给无数海洋生物带来灭顶之灾。因此，海洋文化发展过程中的反思与继承对人类科学有效制定海洋生态修复与补偿机制，建设可持续发展的海洋生态系统具有重要的指导意义。在进行海洋生态系统的修复与补偿过程中，我们可以通过海洋文化的传播力量，强化公众的海洋生态文明理念，让海洋修复与补偿意识深入人心；可以通过海洋文化的约束力与影响力，引导全社会树立生态无价、保护生态人人有责的意识，营造珍惜海洋环境、保护海洋生态的氛围；可以通过发挥海洋文化的科学性与哲学理念，指导和完善海洋生态系统服务功能分类与量化，形成价值计算标准，构建海洋生态补偿量的核算指标体系。同时，加强海洋环境监测与评估，促进海洋生态修复与再生。

四、“一带一路”倡议下，海洋文化促进海洋生态文明建设的措施

1. 以海洋文化为纽带，建立海洋生态文明国际合作机制

“一带一路”倡议的构想是中华民族文化传播的又一次良好契机。在推进海上丝绸之路的进程中，海洋文化必将起到极大的推动作用。新时期世界各国的海洋文化都融入了本国的发展理念，都拥有传承一致的文化根基。中华民族海洋文化始终秉承开放、和谐、可持续的发展理念，通过多领域海洋文化沟通、交流与协作，坚持求同存异的原则，充分挖掘各国海洋文化的新内涵，并以海洋文化为纽带，着眼于新时期海洋开发与利用，从全球合作角度推进生态文明建设，把绿色发展转化为新的综合国力、综合影响力和国际竞争新优势。在新的形势下，海洋开发与利用的重心已经从经济利益最大化逐渐转移到可持续发展的和谐生态理念上。海洋生态文明的建设已经不是一个国家的内务，而是应该放眼于全球、全人类与自然和谐共生的高度。通过建立国际合作机制，丰富各国海洋生态文明建设中的海洋意识内涵，调整海洋产业结构，形成系统的环境保护体系，秉承包容共赢、务实合作的发展理念，促进全球海洋生态文明的建设进程。

2. 以海洋文化为交流平台，构建海洋生态监控评价共享体系

新时期海洋世纪是文化与科技共荣的时代。海洋的每一个领域在政治、经济、文化上都发挥着举足轻重的作用。人类如果想可持续开发和利用海洋，就不能忽视对海洋生态的监控与科学评价。文化的先行作用就在于它可以帮助我们预先搭建国际化的交流平台，在这个平台上文化得到了共识，科技也就不会再有国界。我们依托“一带一路”倡议的背景，针对海洋生态领域的共性问题展开充分的讨论与研究，正确认识当前海洋生态系统所面临的局面，通过科学手

段建立海洋生态的修复补偿机制，并且在此基础上构建海洋生态系统的监控与评价共享体系。这个体系的建立需要各国海洋科技人才的参与，需要各国相关海洋政策的支持，我们要充分认识到海洋生态系统监控与评价共享体系是涉及海洋生物资源、海洋物理化学属性、海洋矿产资源、海洋多种产业等领域的综合评价体系，是对海洋生态修复与补偿机制的系统延续，是各国海洋生态文明建设的关键落脚点。

3. 以海洋文化为沟通手段，培育海洋生态文明建设的和谐氛围

各国海洋文化虽各有特色但都植根于海洋。从本源上说，海洋文化并没有明显国界，而是一种互通、包容的沟通工具。中华民族的海洋文化在不断形成和发展过程中也都融入了世界各国的文化特点，从中国古代丝绸之路到郑和七次下西洋，中国海洋文化已经为世界所熟悉和认同。在新的海洋世纪，我们以海洋文化作为沟通手段，呼吁和联合世界各国共同培育有利于海洋生态文明建设的和谐氛围。这完全符合人与自然、人与社会和谐发展的哲学观点，也是“一带一路”倡议共建绿色丝绸之路的基本出发点。在各国参与、共通的基础上，我们要侧重完善海洋管理体制和各种海洋制度的建立，实现海洋技术全球性的开放与交流，规范各种海洋行为。伴随海洋文化的繁荣与发展，海洋生态文明将呈现出人与海洋、人与人、人与社会和谐共生、良性循环、全面发展、持续共荣的社会形态，并推动人类文明不断进步。综上所述，海洋文化是在伴随人类对海洋的认知、开发与利用过程中形成的海洋价值观，对新时期海洋生态文明的发展与建设起到了积极的引导作用。特别是在“一带一路”倡议的背景下，充分发挥海洋文化的灵魂作用，对培养国民海洋意识、规范海洋行为、修复海洋生态系统、丰富海洋文化产业等方面具有重要的指导意义。同时，在建设海洋生态文明的过程中，我们应该以海洋文化为重要抓手，着眼全球海洋战略和可持续发展，为世界

海洋领域的创新、发展、沟通、合作带来新的契机，最终实现全球生态和谐共享的新局面。

第四章　“一带一路”倡议下的区域海洋文化发展研究
——以辽宁海洋文化发展为例

第一节　辽宁海洋文化产业发展的影响因素、潜力及路径

一、辽宁海洋文化产业发展的影响因素分析

1. 辽宁海洋文化产业发展现状概述

辽宁是海洋大省，培育和发展海洋文化产业是建设海洋经济强省的客观需要。近年来，辽宁沿海六市深入挖掘和整合丰富多彩的海洋文化资源，将继承和创新融合在一起，发挥特色优势，注重品牌的力量，繁荣海洋文化发展，着力发展海洋文化产业，努力实现海洋文化与海洋经济相互融合、相互促进，取得了令人瞩目的成就。2015 年，全省海洋经济在复杂严峻的形势下实现了持续稳步增长，海洋生产总值 4370 亿元，同比增长 3.6%。海洋交通运输业、滨海旅游业等第三产业的拉动和引领作用日益突出，港口货物吞吐量可达 10 亿吨以上，滨海旅游同比增长 11.2%；海洋电力、海水综合利

用等新兴产业稳步发展；临海新能源、石化产业、海洋装备制造等产业集聚集约发展。全省渔业经济总产值实现1366亿元，同比增长7.8%；增加值672亿元，同比增长4.2%；水产品总产量523万吨，同比增长1.5%；渔民人均纯收入达到16639元，同比增长3.8%。辽宁渔业的快速发展给涉海休闲渔业提供了庞大的产业基础。这些成就无疑给辽宁海洋文化产业的持续发展增添了动力和信心，但是海洋文化产业作为一个新兴产业，仍存在着许多问题，诸如滨海旅游业所占比重过大，而其他涉海文化产业比重过小，整个海洋文化产业不能协调发展等问题。因此，很有必要对辽宁省海洋文化产业进行全面分析和研究，为海洋文化产业的健康发展提供理论依据和现实基础。

2. 辽宁省发展海洋文化产业的SWOT分析

（1）优势分析

①优越的区位条件。辽宁省处于环渤海经济区和东北地区的结合部，是东三省、内蒙古的前沿地带与重要门户，它在全国的经济以及交通格局中占有重要的地位。辽宁省东部以鸭绿江为界与朝鲜隔江相望；南部濒临渤海与黄海，紧邻韩日发达经济体。辽宁省沿海交通发达，海陆空立体交通优势明显，已形成以铁路交通为主，公路交通纵横交错，水路沟通国内外，航空四通八达的综合交通运输网络。辽宁省港口规模较大，基础设施完善，吞吐量大，是东北地区乃至中西部地区的重要海上门户，形成了以大连港为主，营口港、丹东港、锦州港为辅的现代化港口海运格局，客运的运输能力逐年提升。作为交通运输的龙头老大，铁路在辽宁省发挥着重要的作用，以沈阳为中心的东北铁路干线纵贯全省。沿海的航空运输也发挥着重要作用，为国内外旅客提供了便利。

②丰富的海洋文化资源。发展海洋文化产业的必备条件之一就是要有丰富的海洋文化资源，它是最能体现一个国家或地区海洋产

业发展优劣的因素。辽宁省海岸线横跨渤海和黄海，西起山海关老龙头，东至鸭绿江口，全长 2178 千米，占全国总长的 12%，其中港口5个，优良商港港址38处。辽宁省全省滩涂面积约为1696平方千米，占全国的 9.7%，居第 6 位。近海岛屿共 506 个，面积达到 18921 平方千米。辽宁省海洋文化资源丰富，且多种多样，既有特色的自然景观，又有风景怡人的人文景观，以及社会景观和浓郁的民族风情。如大连的发现王国等主题公园、国际服装节、旅顺口俄监狱、星海公园、老虎滩、足球之城、黄渤海分界线、旅顺博物馆；盘锦的红海滩；营口的楞严寺、白沙湾等；丹东的民族文化风情，历史古城盘锦，以及旅游资源丰富的葫芦岛等。营口金牛山猿人遗址、葫芦岛秦代行宫遗址褐石宫、葫芦岛九门口长城、锦州义县奉国寺、葫芦岛绥中的姜女坟、兴城古城、盖县高丽城山城遗址、旅顺的万忠墓和营口西炮台、辽沈战役纪念馆、抗美援朝纪念馆等海洋历史文化资源也很丰富；辽宁省的海洋渔业文化资源也很丰富，据统计辽宁省海洋生物达到 520 余种，主要包括海洋经济生物资源和珍惜生物物种。海洋捕捞、海水养殖、海鲜美食、渔民风俗等方面也是海洋文化产业开发利用的一个重要方面。

③雄厚的经济基础。一个产业的发展离不开投资和消费两个因素，海洋文化产业也不例外，而引领投资和消费的基本则是经济的发展与强大。2014 年全年地区生产总值 28626.6 亿元，按可比价格计算，比 2013 增长 5.8%。其中，按新口径核算，第一产业增加值 2285.8 亿元，增长 2.2%；第二产业增加值 14384.6 亿元，增长 5.2%；第三产业增加值 1956.2 亿元，增长 7.2%。三次产业增加值占地区生产总值的比重由 2013 年的 8.1 ： 51.3 ： 40.6 变为 8.0 ： 50.2 ： 41.8。人均地区生产总值 65201 元，按可比价格计算，比 2013 年增长 5.7%，按年均汇率折算为 10614 美元。而作为对外开放和经济发展更加迅猛的沿海各地，已然成为辽宁省的先锋，成为经济最发达，对外贸

易最为活跃的地区之一。在辽宁省沿海6个地区中，大连无疑是经济最发达的地区，2014全年地区生产总值7655.6亿元，比2013年增长5.8%。它不但成为辽宁省经济增长的重要阵地，也是发展海洋文化产业的重要阵地。随着全球海洋文化产业的不断发展，辽宁省的经济基础地位就会逐渐地显现出来，这必将成为发展海洋产业的重要优势。

④完善的基础设施。发展海洋文化产业，基础设施的建设是必不可少的。辽宁省基础设施建设比较完善，尤其是沿海6个地区。基础设施建设不但包括铁路、公路、水运、航空等交通基础设施，还包括动力能源设施和通信等基础设施。沿海的交通基础设施加大了海内外的联系，利用客货的运输，有效地促进了沿海地区之间的经济联系，哈大高铁的修建、机场的改建扩建等都为海洋文化产业的引进、发展提供了方便。政府重点建设的红沿河核电站、大连LNG接收站等油气项目、供水设施等动力能源设施为海洋文化产业的持续发展提供了保障。通信设施的建设作为文化产业发展的媒介也是必不可少的。

⑤强大的科技力量资源。辽宁省的海洋科技力量较为强大。2015年，辽宁省海洋与渔业科技项目荣获国家科技进步二等奖1项，省科技进步一等奖1项、二等奖2项，辽宁海洋与渔业科技贡献奖6项。由辽宁省海科院主持的“刺参健康养殖综合技术研究及产业化应用”被评为国家科技进步二等奖，这是辽宁省海洋与渔业科技战线近年来获得的最高荣誉，辽宁省海科院荣获“全国海洋系统先进集体”称号。同时获批了18项地方海洋与渔业标准，遴选了10个渔业标准化示范县，5个省级以上技术推广项目完成年度任务并取得较好效果，21个县被确定为基层水产技术推广体系改革与建设项目示范县。水生动物重大疫病监测扩大到5项，完成了二期远程辅助诊断系统建设。

⑥较高的城市化水平。城市作为一个地区经济文化发展的中心具有不可比拟的优势。城市具有良好的区位条件，更加便利的基础设施，高等院校与科技人才聚集，这些优势聚集在一起就对文化产业的引进、吸纳与发展具有重要的促进作用。辽宁省的城市化水平经历了快速发展的时期，尤其是沿海6地区的城市化率相比同时期的全国平均水平高出很多，且增速也高于全国平均水平。随着辽宁沿海城市群的发展，已经形成了以大连为中心，营口、丹东、锦州、葫芦岛、盘锦为辐射方向的城市集聚带。这些地区的高城市化率必然为海洋文化产业的发展提供发展要素和空间。

（2）劣势分析

虽然辽宁省海洋文化产业具有良好的优势条件，促使其不断迅速发展，但是仍处于初级发展阶段，还存在一些弱点与不足，从而影响着海洋文化产业的发展。

①海洋文化产业链不完善，产业发展不均衡。首先，在海洋文化产业开发与发展过程中，存在着一个普遍的问题，即对滨海城市的旅游业开发比较全面，辽宁省的海洋文化产业的发展同样也面临着这个问题。而对于旅游业以外的海洋历史文化资源、海洋民俗资源等开发利用较少，且大多数都对海洋旅游业依赖性比较高。总之，辽宁省的海洋文化产业仍然是一个弱势产业，除了滨海旅游业以外，其他的海洋文化产业的产值、规模都较小，产业发展极不平衡。其次，辽宁省的海洋文化产业还没有形成一套完整的创意—生产—营销的文化产业链，出产的海洋文化产品比较单一，且质量较差。因此，就影响了它的综合效益。

②缺乏创新意识，海洋文化产品雷同，无序竞争严重。由于辽宁省的海洋文化产业较长三角地区与珠三角地区晚，且尚处于发展的初级阶段，还没有形成完整的体系，没有形成创新激励机制，创新能力不足，综合竞争力较差，致使海洋文化产业的可持续发展能

力较差。辽宁省的海洋文化产品出现了大同小异，竞争力差的问题。辽宁省海洋文化产品的开发缺乏创新，没有突出自己的地方特色而是盲目地效仿以致造成产品同质化问题，造成海洋资源的浪费。而且辽宁省海洋文化产品形式比较单一，大部分还停留在旅游观光层面，缺乏一些有文化底蕴的海洋资源，如海洋民俗文化、海洋渔业文化等，没有形成立体化的海洋文化产业集群，致使经济效率低下，不利于海洋文化的发展壮大。因此，应该根据自己独特的文化资源优势打造具有地方特色的海洋文化品牌，从而使海洋文化产业保持可持续发展，成为国民经济的重要组成部分。

③海洋文化企业规模较小，没有形成海洋文化产业集群。海洋文化产业的发展归根到底还是海洋文化企业的发展。现阶段，辽宁省海洋文化企业呈现出规模小、较分散、竞争力差的特点，也就是还没有形成海洋文化产业的集群。我国的文化产业至今仍未走出政府的推动和高度管理阶段。由于政府过多地干预，致使辽宁省海洋文化企业还没有完全的市场化，造成经济效益较低的局面。企业规模小直接导致的另一个问题就是专营性较差，由于辽宁省的海洋文化产业发展还处于初级阶段，海洋产品的开发与消费也在积极的探索之中，且大部分文化企业专营的不是海洋文化产业而是其他的产业，海洋文化产业只是作为兼营部分。这也因此制约了海洋文化产业的发展。

④海洋生态环境遭到破坏。近几年来，由于海洋产业发展迅速，加之环保意识差、管理不善以及接待游客的数量超过了环境的承载能力，从而引起了海洋环境的污染与生态的破坏，近海区域尤为严重。辽宁省的海洋生态环境污染与破坏较为严重，主要是因为重用轻养，致使海洋环境生态承载力不能及时恢复，从而造成了污染与破坏。此外，由于对海洋资源的开发必要性以及消费市场研究不够，盲目开发发展海洋文化产业既造成了资源的浪费，又使经济效益无法达

到最大化，影响了海洋文化产业的可持续发展。另外，对海洋资源的过度利用使当地环境遭到污染、生态遭到破坏。海洋文化产业的开发与利用离不开海洋生态环境，因此我们就要遵循一切海洋经济活动都要在不破坏海洋生态环境的基础上进行。这样才能使文化产业更好更快地发展。

（3）机遇分析

①全球发展趋势的要求。随着当今世界政治经济的全球化，海洋的地位也逐渐凸现出来，有关海洋的资源与地理要素以及海洋发展战略越来越呈现在人们面前。文化产业又被称为21世纪的“黄金产业”和“朝阳产业”，而海洋文化产业又是文化产业中的新的发展方向之一，这就为辽宁省海洋文化产业的开发与发展指明了方向，同时也为海洋文化的发展提供了机遇。辽宁省拥有丰富的海洋文化资源，而随着滨海地区地位的提升，这必然会获得更多的发展支持，从而使为开发发展海洋文化产业营造出更好的氛围，促使海洋文化与经济协同发展，加速一体化进程，使海洋文化产业成为海洋经济的重要组成部分。

②政府对海洋文化产业的重视。2016年是“十三五”开局之年，辽宁省海洋与渔业厅深入贯彻落实全国海洋工作会议精神，围绕“一个目标”，坚持“四项方针”和“一条主线”，为实现老工业基地新一轮全面振兴做出积极贡献。着重谋划产业布局，全面促进海洋经济发展。辽宁省将优化海洋开发布局，主动对接“一带一路”，加大陆海统筹力度，规划确定海洋主体功能区，科学开发海洋资源，培育战略性新兴海洋产业，使海洋新兴产业成为沿海经济发展新的增长点。积极发展海洋服务业，大力发展海洋交通运输、滨海旅游和文化产业，积极发展涉海金融服务和公共服务业。政府为海洋文化产业提供的政策扶持为辽宁省海洋经济提供了良好的发展环境，也为海洋文化产业的开发与发展创造了良好的氛围。

③旺盛的消费市场需求。文化产业的发展是由文化产品的市场需求决定的。文化消费的内需是需要以经济发展水平以及恩格尔系数来进行估算的，经济发展的水平越高，一般来说，人们对文化消费的要求也就越多越高。根据国际惯例计算，经济发展水平的高低直接影响着文化的消费水平。根据计算，我国人均 GDP 为 1000 美元时，文化消费水平应该为 10900 亿元；人均 GDP 为 1600 美元时我国实际文化消费水平水平还不到相同发展水平国家平均数的 25%。这就说明我国实际文化的消费水平还远远没有达到相同发展水平的平均数，文化消费还有很大的潜力可挖。这就说明我国是一个很大的文化消费市场。辽宁省居民的收入持续增多，国家统计局的数据显示，2016 全年辽宁居民人均可支配收入 26040 元，人均消费支出为 19853 元。这将大大刺激人们对海洋文化产品和服务的需求，为辽宁省海洋文化的开发与利用提供动力，同时也为辽宁海洋文化产业的发展提供契机。

（4）威胁分析

①其他沿海各省市海洋产业的迅猛发展带来的激烈竞争。基于海洋文化特色的不同，各省市也在培养和利用海洋文化产业。仅在辽宁省周边就有青岛、秦皇岛、天津等海洋文化发展较好的城市。海洋文化产业已经成为各沿海省市都很注重的一个发展方向。因此，辽宁省的海洋文化产业面临着激烈的竞争。《江苏沿海发展规划》《辽宁沿海经济带发展规划》等规划的原则性通过，这就给沿海各省市的海洋文化产业的发展提供了条件。舟山市明确提出了发展海洋文化产业的目标，立足于海岛，突出发展海岛生态资源与海岛的民俗风情的特色，大力发展海洋文化产业；以“热带风光、碧海、沙滩、椰树”为特色的海南，是闻名中外的海洋文化旅游胜地；把海洋文化产业作为重要推动力的山东半岛蓝色经济区以及福建、广西北部湾地区等地区都在积极发展海洋文化产业。而一旦这些地区形成了

较强的海洋文化产业优势，就势必会吸收资源到此，形成“洼地效应”，使辽宁省的海洋文化要素外流，从而使辽宁省的海洋文化处于不利的地位，形成一定的竞争压力。

②海洋产品的可模仿性、可复制性较强，不易形成十分突出的特色。现今，我国海洋文化产业迅猛发展，海洋文化企业迅速增多，但是由于有些海洋文化产品生产要素的相似度较高，所以就使这些产品没有较强的独特性。研究表明，海洋文化产品不同于动漫产业和网络游戏产业等拥有完全自主知识产权的部门，它因为具有极为相似的生产要素与资源，所以海洋产品具有很强的可模仿性、可复制性。以海洋文化旅游产业来说，由于具有的自然资源相同，“阳光、碧海、蓝天、沙滩”就成为几乎所有海滨旅游景区的特点，这就很容易造成同质化竞争，旅游者就会有到了每一个滨海地区都有似曾相识的感觉。例如，被称为“金沙滩”的地区就有大连金沙滩、青岛金沙滩、珠海金沙滩、北海金沙滩等。滨海度假区、度假村的修建也是同样如此，宾馆和娱乐设施的修建同样也显示出了互相模仿的态势。这就使海洋文化产业出现了类似的状况。所以，辽宁省海洋文化产业的发展一定要突破这个瓶颈，发展更具地方特色的海洋产品，减少可替代海洋产品的出现，要对其进行不断的创新，使辽宁滨海海洋文化产业成为中国海洋文化产业的一面旗帜。

③海洋文化产业易受到不可预知因素和业务周期的影响。由于现今中国的海洋文化产业主要还是体现在海洋旅游文化产业上，而海洋旅游文化产业受到的限制性比较强，如社会经济因素、自然灾害、政府政策的变化。比如经济危机以及自然灾害的发生就直接影响到了海内外游客的滨海旅游，取消或是推迟旅游时间。如 2012 年的强降雨，就造成了辽宁省飞机航班的取消以及铁路的毁坏，这就波及了来辽旅客的旅游计划。海洋旅游文化产业受季节的波动比较大。旅游的旺季主要是夏季，因为消费者的旅游主要动机就是避暑乘凉，

而到了冬季客流量明显减少，这在一定程度上也就说明了海洋文化产业比较单一，还主要停留在旅游文化产业上。因此，辽宁省要大力创新海洋文化产品，对消费者形成一种持续的吸引力。

二、辽宁海洋文化产业的潜力分析

1. 海洋文化产业潜力指数及指标体系的建立

潜力指数是反映某一国家或地区经济发展水平的基本指标。为了使潜力评价结果具体化、定量化，更加全面、准确、科学地反映海洋文化产业发展状况，本节遵循科学性、规范性、可行性等原则，结合辽宁沿海六个城市的自身特点，选取滨海旅游收入、生产总值、文化体育与传媒支出、公共图书馆总藏书量、科学技术支出等26个具体测度指标来研究辽宁省沿海城市的海洋文化产业发展潜力指数（见表4–1）。

表4–1　辽宁海洋文化产业的26个具体测度指标

测度指标	滨海旅游收入 X_1，生产总值 X_2，第三产业产值 X_3，年末实有公共汽（电）车营运车辆数 X_4，剧场、影剧院数 X_5，邮政局数 X_6，公共图书馆图书总藏量 X_7；公园个数 X_8，社会固定资产投资 X_9，进出口总额 X_{10}，城镇居民年人均可支配收入 X_{11}，城市园林绿地面积 X_{12}，工业固体废物综合利用率 X_{13}，城镇生活污水处理率 X_{14}，生活指垃圾无害化处理率 X_{15}，港口泊位个数 X_{16}，标沿海地带个数 X_{17}，总人口 X_{18}，第三产业就业人员构成比例 X_{19}，学校数 X_{20}，专任教师数 X_{21}，在校学生数 X_{22}，科技支出 X_{23}，文化体育与传媒支出 X_{24}，教育支出 X_{25}，环境保护支出 X_{26}

2. 沿海六市海洋文化产业发展潜力分析

（1）数据来源与分析步骤

本书选取辽宁省沿海六个城市为评价对象，所选指标可参考历年《辽宁统计年鉴》《中国城市统计年鉴》和《中国海洋统计年鉴》。采用因子分析的步骤包括：构造原始数据矩阵；数据标准化；计算相关系数矩阵；计算相关矩阵的特征值和特征向量；计算主因子贡献率和累积贡献率；求正交因子解；计算主因子载荷；构造因子得分模型并实现样本综合排名。

（2）主要影响因子的确定

以辽宁省沿海六个城市 2011 年的各项指标数据为例，利用专业的数据分析软件 SPSS17.0 对所选取的数据做出因子分析，得出因子（F）特征值及其贡献率、累计贡献率（见表 4–2）。贡献率代表的是每个因子所包含原始数据的信息度，从表中我们可以看到，前三个因子的特征值都大于 1，前三个因子包含了原始变量 95.28% 以上的信息，已经满足了因子分析中用变量子集解释所有变量的要求。因此选择前三个因子作为主因子。

表 4–2 因子分析

因子	特征值	贡献率 /%	累计贡献率 /%
F_1	20.063	77.164	77.164
F_2	3.087	11.872	89.036
F_3	1.623	6.244	95.28
F_4	0.847	3.259	98.539
F_5	0.380	1.461	100.000

为了便于对主因子做出正确、合理的解释，使其结构简化，也就是使每个因子载荷的平方按列向 0 或 1 两极分化，就要对前五个因子载荷阵实行方差最大旋转，从旋转后的正交因子表中可以得到 F_1，F_2，F_3 三个主因子。

第一主因子 F_1 在 X_1，X_2，X_3，X_4，X_6，X_7，X_8，X_9，X_{10}，X_{12}，X_{18} 上的因子载荷系数最大，说明 F_1 集中反映了滨海旅游收入，生产总值，第三产业产值，年末实有公共汽（电）车营运车辆数，邮政局数，公共图书馆图书总藏量，公园个数，社会固定资产投资，进出口总额，城市园林绿地面积等，这些因素与海洋文化产业发展的海洋经济、社会环境密切相关。因此，该因子可命名为"海洋经济社会环境因子"。

第二主因子 F_2 在 X_5，X_{11}，X_{16}，X_{17}，X_{19}，X_{20}，X_{21}，X_{22}，X_{23}，X_{24}，X_{25} 的因子载荷系数最大，说明 F_2 集中反映了剧场、影剧院数，城镇居民年人均可支配收入，港口泊位个数，沿海地带个数，第三产业就业人员构成比例，学校数，专任教师数，在校学生数，科技支出，文化体育与传媒支出，教育支出等，这些因素与海洋文化产业发展的文化资源密切相关。因此，该因子可命名为"海洋文化资源因子"。

第三主因子 F_3 在 X_{13}，X_{14}，X_{15}，X_{26} 上的因子载荷系数最大，说明 F3 集中反映了工业固体废物综合利用率，城镇生活污水处理，生活垃圾无害化处理率，环境保护支出等，这些因素与海洋文化产业发展的环境质量密切相关。因此，该因子可命名为"沿海环境质量因子"（见表 4-3）。

表 4-3　三个主因子的具体变量

影响因子	具体变量
海洋经济社会环境因子	滨海旅游收入 X_1，生产总值 X_2，第三产业产值 X_3，年末实有公共汽（电）车营运车辆数 X_4，邮政局数 X_6，公共图书馆图书总藏量 X_7，公园个数 X_8，社会固定资产投资 X_9，进出口总额 X_{10}，城市园林绿地面积 X_{12}，总人口 X_{18},
海洋文化资源因子	剧场、影剧院数 X_5，城镇居民年人均可支配收入 X_{11}，港口泊位个数 X_{16}，沿海地带个数 X_{17}，第三产业就业人员构成比例 X_{19}，学校数 X_{20}，专任教师数 X_{21}，在校学生数 X_{22}，科技支出 X_{23}，文化体育与传媒支出 X_{24}，教育支出 X_{25},
沿海环境质量因子	工业固体废物综合利用率 X_{13}，城镇生活污水处理 X_{16}，生活垃圾无害化处理率 X_{15}，环境保护支出 X_{26}

3. 潜力指数综合得分

F_1、F_2、F_3 三个主因子反映了 26 项指标信息总量的 95.28%，亦即用 F_1、F_2、F_3 三个主因子代表原来的 26 项指标评价辽宁沿海六个城市的海洋文化产业发展潜力指数已有 95.28% 的把握。主因子的经济意义是由因子模型中权数较大的几个指标的综合意义来确定的，本研究中主因子 F_1、F_2、F_3 分别从海洋经济社会环境因子、海洋文化资源因子、沿海环境质量因子等三个主要方面来评价辽宁省沿海城市海洋文化产业发展潜力指数。设综合评价函数为 F，利用主因子对总信息量的贡献率（b_1）进行加权，可得：

$$F=\sum \mathrm{bi}F=0.77164/0.9528\times F_1+0.11872/0.9528\times F_2+0.06244/0.9528\times F_3$$

将标准化的数据代入可得出 2011 年辽宁省沿海六市在三个综合因子方面的得分及排序、海洋文化产业发展潜力指数综合得分及排序（见表 4–4）。

表 4–4　2011 年辽宁省沿海六市的得分及排序

	海洋经济社会环境因子		海洋文化资源因子		沿海环境质量因子		综合评价	
	得分	排序	得分	排序	得分	得分	得分	排序
大连	32.11	1	0.77	1	0.49	1	33.36	1
营口	−4.96	2	0.12	3	−0.04	3	−4.88	2
锦州	−5.11	3	−0.25	5	−0.07	4	−5.43	3
丹东	−6.11	4	−0.69	6	−0.14	5	−6.95	4
葫芦岛	−6.52	5	−0.17	4	−0.33	6	−7.02	5
盘锦	−9.41	6	0.23	2	0.09	2	−9.09	6

从数据分析我们可以看出，辽宁省沿海六个城市的海洋文化产业发展潜力综合得分排名相对稳定，大连一直稳居首位，营口、锦州、葫芦岛次之，最后两位是丹东和盘锦。综合得分显示，影响辽宁省海洋文化产业发展的首要因素是包括经济水平、城市基础设施在内的海洋经济社会环境因子。这符合海洋文化产业的一般特性，即海

洋经济的发展状况和社会环境是该产业的基础资源。基础设施是海洋文化产品生产、传承、展示、积累、服务与创新的硬件基础，其数量的多寡、质量的高低直接反映一个国家或地区的海洋文化产业市场竞争力。大连这样经济实力强的中心城市，基础设施比较健全，交通便利、通信信息发达、公共文化服务齐全，为海洋文化产业的发展打下了坚实的基础，而其他城市需进一步完善各自的基础设施。此外，海洋文化资源和沿海环境质量也是影响辽宁省海洋文化产业发展的重要因素。随着社会经济的发展，从事海洋文化产业的人员在人口中所占的比重正在增加，但辽宁省仍在通过文化培训、文化宣传教育等，继续开发海洋文化产业文化人力资源，以满足不断扩大的文化人力需求，支撑整个产业的可持续发展。沿海环境质量推动着海洋文化产业的发展。锦州和葫芦岛这些沿海环境质量因子得分较低的城市，固体垃圾、生活污水处理能力弱，环境质量也相对较差，致使海洋文化产业的发展落后于沿海其他城市。

三、辽宁省发展海洋文化产业的路径选择

立足辽宁省域海洋文化产业现状，按照充分合理整合海洋文化资源和突出本省区域文化特色的原则，提出了一条以“一带、三区、五园、十大产业”为总体的海洋文化产业发展路径，逐步建立起区域特色更加鲜明、结构部署更加合理、多方发展更加协调、经济效益更加显著的海洋文化产业总体格局。

1.“一带”

“一带”，即辽宁海洋文化产业带。辽宁的海洋文化产业不如陆域文化产业发展的好，最根本的原因就是海洋文化资源的开发和利用不够充分，区域优势没有得到充分的发挥，最终导致海洋文化产品的竞争力较低，经济效益较差。现在，辽宁省要想使海洋文化产业得到较好的发展，应该在 2100 千米的海岸线和 627.6 千米的海

岛岸线基础上，依托从丹东到葫芦岛绥中1443千米的滨海公路和以大连周水子国际机场为主形成的空中交通走廊，构建辽宁海洋文化产业带。辽宁海洋文化产业带贯穿沿海六个城市，充分发挥以点带轴和以点带面的优势，促使辽宁沿海经济带海洋文化产业有序协调发展；积极将辽宁海洋文化产业带纳入辽宁沿海经济带的发展规划之中，配合做好辽宁沿海经济带国家发展战略的各项工作。

2.“三区”

“三区”，即大连海洋文化产业区、丹东海洋文化产业区、葫芦岛海洋文化产业区。大连海洋文化产业区主要包括大连的滨海地区和邻近的海岛和海域，拥有丰富的港口、海景等海洋资源，较高的海洋科研水平，为海洋文化资源的开发利用奠定了坚实的基础。与此同时，大连的海洋经济在国内也比较发达，三大海洋产业也逐渐形成了一定的规模。该区主要发展方向是加快大连的大陆和海岛相联合的工程建设，全方位推动海陆经济一体化发展。除此之外，加大力度开发几种处于优势地位的文化资源，如海洋宗教信仰文化、海洋渔业文化、港口文化、海洋历史文化、海洋军事文化等，形成涉海节庆会展业、涉海休闲体育业、滨海旅游业等综合协调发展的优势，构建大连滨海旅游基地和大连海洋文化产业区。丹东海洋文化产业区主要包括丹东的滨海地区和邻近的海岛和海域。本区的风景旅游资源丰富，而且区域文化特色显著，海洋经济发展基础较好。该区的主要发展方向是在城市开发建设上坚持高标准，体现沿海城市的宜居特色，推出海洋文化特色产品；在产业部署和发展规划方面要充分考虑城市建设、湿地保护与开发利用等因素，重点发展海洋文化产业基地，有效整合“一山两泉三岛”等旅游资源，形成全国最具区域特色的滨海旅游经济圈，依托海洋文化产品，把滨海旅游产业做大，促进丹东经济、社会、文化多方面全方位融合，为丰富的辽宁沿海经济带海洋文化资源的开发利用创造良好条件。葫芦岛海洋文化产业区主要包括葫芦岛的滨海地区和邻近的海岛和海域。本区的渔业资源和旅游资源丰富，海洋经济发展基础较好，主要发展方向是重点构建滨海渔业体系，精品养殖以虾蝶类、海参、扇贝、虹鳟鱼等新品种为主，加大对海洋文化产业发展的支持力度，以滨海休闲渔业、滨海生态文化为基础，重点建设高端海洋休闲产业、滨海旅游观光业等，整合该地区丰富的旅游资源，加快建设特色鲜明的葫芦岛海洋文化产业区。

3.“五园”

“五园”，即大连海洋文化产业园、营口海洋文化产业园、锦州海洋文化产业园、葫芦岛海洋文化产业园、盘锦海洋文化产业园。海洋文化产业园是一系列与海洋文化资源开发相关联的、具有一定的产业规模积聚特征的地理区域，该园区具有鲜明的区域海洋文化特色，并对外界产生一定吸引力，具体包括海洋文化产品的生产、交易、休闲、居住为一体的多功能园区。该园区内形成一个包括海洋文化产品的生产—发行—消费等产供销为一体的海洋文化产业链。结合辽宁沿海海洋文化的分布特征以及现有的产业基础，辽宁沿海可重点打造大连海洋文化产业园，在大连经济技术开发区核心产业区、大连保税区主功能区、大连旅顺南路软件产业带、旅顺经济开发区、大连湾临海装备制造业集聚区及配套园区、大连金渤海岸现代服务业发展区、大连海湾工业区、大连松木岛化工区分别融入海洋文化产业的生产、交易、休闲等产业链，也就是在大连原有八大产业园区的基础上，增加海洋文化产业链，促进大连海洋文化产业园的形成和发展。此外，在营口原有四大产业园区的基础上，增加海洋文化产业链，即在辽宁船舶工业园、营口仙人岛能源化工区、营口大石桥有色金属工业园、营口经济技术开发区分别融入海洋文化产业的生产、交易、消费等产业链，促进营口海洋文化产业园的形成和发展。在盘锦原有工业园区盘锦石油装备制造基地融入海洋文化产品的产供销产业链，促进盘锦海洋文化产业园的形成和发展。在葫芦岛绥中滨海经济区融入海洋文化产业的生产、交易、休闲等产业链，促进葫芦岛海洋文化产业园的形成和发展。在锦州的锦州港、锦州娘娘宫临港产业区、凌海大有临海经济产业区融入海洋文化产业的生产、交易、休闲等产业链，促进锦州海洋文化产业园的形成和发展。

4. 十大产业

十大产业，即滨海旅游业、涉海休闲渔业、涉海休闲体育业、涉海庆典会展业、涉海历史文化和民俗文化业、涉海工艺品业、涉海新闻出版业、涉海艺术业、涉海影视业、涉海考古业。

滨海旅游业是海洋文化产业的支柱产业。辽宁六大沿海城市拥有大自然赐予的阳光、沙滩、海水和清新空气；在这里游客可以品味海鲜海货的独特口感，可以领略海洋文化的历史韵味，还可以体验海上冲浪、扬帆远行的变幻与神奇。五湖四海的游客越来越感受到了滨海旅游的独特魅力，从四面八方投向海洋的怀抱。据统计，全世界旅游外汇收入排名前 25 位的国家和地区中，沿海国家和地区有 23 个。这充分说明了滨海旅游业已经成为很多沿海国家和地区国民经济的支柱产业。挖掘与整合辽宁沿海的渔、岛、山、海等多姿多彩的海洋文化，加大特色海洋文化资源开发力度，打造一批闻名国内外的海滨文化旅游品牌，重点培育区域特色文化旅游业，如滨海旅游观光、休闲、演艺、美食、购物等，并联合多方力量，加快旅游产品的开发，促进海洋文化产业的发展。

辽宁的涉海休闲渔业主要以休闲垂钓、自助采捕、水族观赏、旅游观光、特色餐饮住宿等为主。作为全国休闲渔业示范基地，辽宁省必须充分利用沿海六市现有的海洋文化资源，重点建设城郊休闲渔业小区，扩大休闲垂钓渔业面积，提高休闲渔业设施水平，建立以休闲垂钓中心为主的休闲渔业基地，扩大辽宁沿海的观赏鱼养殖规模，并力争实现养殖品种向中高档大型鱼方向发展，这不仅带动了辽宁的生态旅游市场，还促进了休闲渔业的发展，最终推进了辽宁沿海经济带海洋文化产业的发展。

涉海体育业是海洋文化产业体系不可缺少的部分。当前辽宁沿海六市首先应充分发挥丰富的海洋资源优势、充分利用优越舒适的体育训练场馆，尽力举办人民群众喜闻乐见的民俗体育赛事。例如，赛龙舟、滨海大道徒步、雪上飞碟、雪摩托、情侣冰车、骑马、沙滩排球等休闲体育旅游业。另外，可通过社会调研，深入了解人们的休闲体育偏好，开发多种多样的休闲体育产品，满足人们的消费需求，最好制定科学的涉海体育发展规划，重点推出辽宁独有的涉海体育文化活动，为海洋文化产业的发展贡献力量。

涉海庆典会展业可借鉴杭州西湖休闲博览会等重大会展活动的做法，以现有的中国开渔节、中国啤酒节、中国海洋文化节等一大批知名节庆活动为基础，借助大连服装节和啤酒节的影响力，努力将辽宁以海岛文化、渔业文化、港口文化、民俗文化、海鲜文化等为主要内涵的节庆活动集聚和整合，举办长达半年的区域特色海洋文化博览会，努力将其打造成闻名中外的辽宁沿海节庆会展品牌。

涉海历史文化和民俗文化业是海洋文化产业的立足之本。辽宁沿海城市所拥有的独特历史文化和民族风情为涉海文化产业的发展打下了坚实的基础。辽宁省应大力发扬和传播当地独有的海洋文化和民俗习惯。例如，各个地方与海洋相关的传奇故事，锦州蒙古族、满族、回族和锡伯族特有的婚礼习俗和风俗习惯，独具东北韵味的大秧歌、曲艺等，再将特色区域海洋文化融入其中，使沿海民俗习惯和海洋文化相融合，使其专业化、产业化，势必会给海洋文化产业的发展增添强大的动力。

涉海工艺品业的发展应结合辽宁当地民俗文化和海洋时尚文化，深入了解消费者对涉海工艺品的消费偏好，不仅要增强工艺品的审美性，更要增加实用性和价值性，使民画、船模、贝雕等工艺品从外形、色彩、收藏价值等方面来满足消费者的实用、经济、美观的需求。另外，要充分利用规模效应，扩大工艺品的生产规模，降低生产成本，规范工艺品的市场服务，使涉海工艺品市场安定有序地发展，势必会促进辽宁海洋文化产业的快速发展。

涉海新闻出版业主要包括涉海书、报、刊、音像及电子出版物的出版发行与版权服务。辽宁应推进集团化发展，使得大型出版传媒集团做大做强，做细内容产业，形成品牌优势。另外，还应加快建设国家级数字出版基地，打造包括数字出版、数字印刷、版权创意等在内的数字传媒产业链。坚持依靠科技进步，加强复制印刷技术，建设若干个数字印刷产业园，真正实现辽宁沿海新闻出版又好又快地发展。

涉海艺术业应建立和完善具有辽宁沿海特色的全新体制和机制的专业艺术表演团队，不断更新经营理念，把由“观众需要”决定的“市场需求”放在首位。专业的艺术表演团队可以本山传媒集团为榜样，以演出为主，以电视剧制作为依托，以艺术教育为基础，形成比较完整的涉海艺术产业链。积极寻求滨海特色艺术和市场的利益结合点，开发涉海艺术市场，努力提高涉海艺术产品的经济利益，让艺术家和企业家实现双赢来推动辽宁海洋文化产业的发展。

涉海影视业可采用合资合作、项目合作等多种形式，不仅要提升辽宁沿海城市影视演出场馆的数量，还要将其提高到一定的档次。此外，要想尽办法吸引大量闲置社会资本，鼓励商人投资影视剧制作业，竭力提高影视剧制作公司在国内外涉海影视市场的竞争力和影响力，在涉海电影、电视剧的生产制作中，突破以往的常规模式，融入更多海洋文化元素和区域文化元素，积极推进涉海影视剧的数字化进程；最重要的是，立足涉海文化影视剧摄制，应尽量向前、向后延伸产业链，使涉海文化影视发展的产业链更加完善，更加规范，进而促进辽宁海洋文化产业的发展。

涉海考古是海洋文化产业的新兴产业，其中海洋遗迹是涉海考古的重要方向。辽宁应重点考察古海港、文化遗址等，重点保护沉船和沉船文物，重点发展涉海古董的鉴定、收藏和拍卖，重点实现涉海古迹的收藏价值和海洋历史研究价值。

四、辽宁省发展海洋文化产业的对策及建议

1. 加强区域合作，拓展海洋文化产业的发展空间

由于辽宁省每个沿海城市所处的地理位置不一样，所拥有的海洋文化资源的数量和种类也不相同，每个城市的经济发展水平也存在差距，这些问题的存在导致辽宁省海洋文化产业在发展的过程中出现了非均衡性。这严重影响了辽宁省海洋文化产业的全面推进，也阻碍了沿海城市经济、文化和社会的协调发展。打破沿海地域的约束，加强辽宁省沿海六个城市之间的区域合作，齐心协力共同开发整个海洋文化资源是加快辽宁省海洋文化产业发展的必经之路。目前，辽宁省应借助国家支持辽宁沿海经济带发展战略的有利契机，加快推进大连、营口、葫芦岛、盘锦、锦州、丹东之间海洋文化产业的深层次合作，推动与海洋文化产业相关生产要素的跨区域流动，加大海洋文化资源的跨区域优化整合，降低海洋文化产品的生产成本，为开拓广阔的海洋文化产业市场创造有利条件。鉴于区域合作的规律性和海洋文化产业的特殊性，辽宁省首先应把视野放大到辽宁沿海经济带海洋文化资源的整合上，对六个沿海城市统一规划和协调、打破区域间的限制，建立起有效的海洋文化资源整合机制，将潜在的文化产业优势切实转换成海洋文化产业发展优势和竞争优势。其次，要加强辽宁沿海六个城市在建设海洋文化产业基地项目方面的合作，努力推进海洋文化产业的跨区域经营和投资，充分发挥各个沿海城市的区位优势和资源优势，调动一切积极因素建设辽

宁海洋文化产业带，使之成为闻名中外的海洋文化产业基地。最后，大连作为东北地区的经济文化中心，国际合作机会多，应将发展海洋文化产业的重点放在扩大海洋文化产品和服务的出口规模上。加大沿海政府对海洋文化产业的扶持力度，扩大海洋文化产品和服务的生产规模，降低生产成本，增强辽宁海洋文化产品在国际市场上的竞争力，进而扩大海洋文化产品的出口规模。这不仅将辽宁的海洋文化转化成社会生产力，创造了丰厚的经济效益，更重要的是，借助大连这个国际平台，将独具辽宁特色的海洋文化、创新理念发扬到其他国家。

2. 组建辽宁海洋文化产业研究基地，加强海洋文化产业发展的理论研究

为了将海洋文化产业发展的理论水平提升到一定高度，为了更好地推进辽宁海洋文化产业的发展进程，当前辽宁省很有必要建立由政府、高校、研究机构、企业等联合而成的辽宁海洋文化产业研究基地。依据辽宁沿海经济带发展规划，特别是“十三五”时期的文化产业发展规划，辽宁省在建立海洋文化产业研究基地的时候，应充分利用辽宁高等院校、研究机构和文化创意产业的科技优势和人力资源优势，深度开发和利用辽宁海洋文化资源，提高海洋文化转化为社会生产力的水平，增强辽宁省在全国海洋经济的竞争力。具体而言，辽宁省海洋文化产业研究基地可以从以下几个方面着手：首先，深入挖掘辽宁省沿海城市所拥有的一切海洋文化资源，并努力实现产业化。辽宁省拥有丰富的独具特色的海洋文化资源，但是并没有充分发挥其在海洋经济发展中的作用。所以，辽宁省海洋文化产业研究基地可以借助实地调查或者查阅历史资料的方式，深入挖掘海洋文化资源的内在价值，寻找一种独特的海洋文化产业化发展模式。针对不同的海洋文化资源，采取不同的开发模式，并设立相应的专题研究项目。对于具有重大开发价值的海洋文化资源，它

未来的市场比较开阔，经济效益前景比较好。对此，可以以项目规划的方式重点研究。这样辽宁海洋文化资源的开发既有理论的指导，又有项目的实践，必然会促进海洋文化资源的开发和产业化。其次，为企业提供涉海文化产业项目规划和开发思路。企业是海洋文化产品和服务市场上最重要的一分子，其根本目的是追求利润最大化。企业作为海洋文化产品的供给者，直接决定了市场上海洋文化产品的供给状况，进而会影响市场供求的均衡点，影响该产业总的发展态势。所以，要促进海洋文化产业的发展，必然要借助经济利益来吸引企业对海洋文化产业的关注，调动其提供海洋文化产品和服务的积极性。经过充分的调查研究，海洋文化产业研究基地制定出具体的产业项目规划，然后再提供给企业作为参考，企业在项目实施的过程中，融入自己的经营理念和创意，这不仅加强了海洋文化产业的实践，而且增加了企业的利润，最终实现海洋文化资源产业化。最后，举办相关的海洋文化产业论坛并增加相关研究成果，为辽宁海洋文化产业发展提供智力支持。辽宁海洋文化产业研究基地应充分利用本省强大的海洋科研力量，举办相关经济论坛和学术交流，推进海洋文化产业理论的发展，并逐渐将科研成果转化成社会生产力，推动海洋文化产业的发展。

3. 治理改善近岸海域生态环境

海洋文化产业的持续发展离不开良好的海域生态环境。近年来，辽宁省近岸海域受到了陆源氮、磷和有机污染物的严重影响，经过辽宁政府和人民的共同努力，海洋污染得到了一定的缓解，但是在某些沿海城市海洋污染现状仍然比较严重。辽宁省应按照海洋生态环境保护与建设规划和辽宁省沿海经济带规划，首先从污染源着手，严格控制污染严重企业的污染物排放和入海口污染物的流入，尽快恢复和改善近岸海域的生态环境，为海洋文化产业的发展提供一个优良的环境。其次，要加大海洋生态环境的整治工作，立足辽宁沿海环境污染现状，加大重污染区域的治理力度，如双台子河口等主要入海河流水污染的区域治理，锦州湾等港湾环境污染的综合治理和生态保护，建立海洋环境污染的监测预报系统。

第二节 以海洋旅游文化产业为例研究辽宁海洋文化发展

作为文化产业重要组成部分的海洋文化产业成为支柱性产业，将推动海洋经济迅猛发展。海洋旅游、新闻出版、广电影视、体育与休闲、庆典会展是辽宁海洋文化产业的主体，其中，海洋旅游文化产业是辽宁海洋文化产业的核心，是成为支柱性产业的引领者。因此，研究辽宁海洋文化产业，首先应研究利用海洋文化产业资源最广、综合性最强和关联性最大的海洋旅游文化产业，借以推进整个辽宁海洋文化产业成为支柱性产业目标的实现。

一、辽宁海洋旅游文化产业成为支柱性产业的潜力分析

1. 辽宁的海洋旅游文化资源

资源禀赋理论指出，一个产业要成为支柱性产业，必须拥有垄断性或优势的产业资源。辽宁海洋旅游文化资源丰富，其在海洋经济发展中占有重要地位，具有成为支柱性产业的潜力。

（1）沙滩浴场旅游文化资源

辽宁拥有海岸线2878.5千米，其中大陆岸线长2178.3千米，已开辟为人工海岸的约长809.92千米，占海岸线总长度的29%。海岸类型多样，滩涂面积约为2696平方千米，居全国第6位，砂质细腻，

并且天然海水面积广阔，水质良好，形成了辽宁丰富的沙滩浴场旅游文化资源。著名的沙滩浴场有大连的棒槌岛、付家庄、夏家河子、金沙滩、葫芦岛的兴城等。

（2）海洋生态旅游文化资源

辽宁湿地面积约为2131平方千米，拥有亚洲第一、世界第二大的苇田，湿地生物多样，是国家级保护动物重要的栖息地。辽宁森林覆盖率高，原生型生态资源丰富，为海洋生态旅游文化产业的发展提供了资源保障。代表性的海洋生态旅游文化资源有丹东鸭绿江湿地、盘锦双河口湿地、大连老铁山、冰峪沟等。

（3）海洋会展旅游文化资源

辽宁沿海六市优越的地理位置，宜人的气候条件，便利的交通设施，快速发展的经济，繁荣的都市生活，深厚的文化底蕴，开放的生活观念，是海洋会展旅游文化产业发展的基础。以大连海鲜、营口海滨温泉、盘锦红海滩、葫芦岛泳装为代表的海洋会展旅游文化产业正在日益兴起。

（4）海洋民俗旅游文化资源

辽宁海洋民俗文化资源丰富，涵盖面积广。沿海的先民们在长期与自然、海洋的斗争中，总结并传承了大量涉海的生活经验、智慧和文化，形成了辽宁独特的海洋民俗文化。以营口望儿山、锦州大笔架山为主题的海洋民俗文化旅游成为一道亮丽的风景线。此外，还有以熊岳、五龙背、兴城为代表的温泉休闲旅游文化资源，以大连旅顺、葫芦岛九门口长城、丹东断桥、营口西炮台为代表的海洋历史文化旅游资源。这些丰富多彩的海洋旅游文化资源为辽宁海洋旅游文化产业发展成支柱性产业提供了保障。如今，辽宁已经形成辽南、辽东、辽西三个海洋旅游中心，及以大连为龙头、以丹东和葫芦岛为两翼的六个海洋旅游带。

2. 辽宁海洋旅游文化产业发展状况

在辽宁海洋文化产业中，海洋旅游文化产业占有重要的地位，其产值在辽宁海洋经济中占有很大比重。表 4–5 是采用辽宁海洋旅游文化业产值、辽宁其他海洋产业产值、占辽宁海洋生产总值比重和年增长率四个指标，比较出辽宁海洋旅游文化产业的发展状况。2004 年，辽宁海洋生产总值 932.23 亿元，海洋旅游文化产业产值占海洋生产总值的 29.68%，与海洋经济最大的产业海洋渔业相比，相差 18.2 个百分点，排名第二；2010 年辽宁海洋生产总值 2619.6 亿元，海洋旅游文化产业产值占海洋生产总值的 48.43%，虽然仍落后于海洋渔业，但是海洋旅游文化产业年增长率却高于海洋渔业约 11.9 个百分点，名列第一。从产值排名来看，近年来，海洋旅游文化产业持续稳步增长，在海洋产业中脱颖而出，从增长率排名来看，海洋旅游文化产业具有很大的发展潜力，具有成为辽宁支柱性产业的性能。

表 4–5 辽宁海洋旅游文化产业发展状况

产业	2004 年						增长率/%	年增长率排名
	产值/亿元	占比/%	排名	产值/亿元	占比/%	排名		
海洋渔业	446.0	47.9	1	1296.0	49.4	1	23.8	3
海洋油气业	3.2	0.3	6	4.0	0.1	6	4.6	5
海洋盐业	5.1	0.6	5	5.8	0.2	5	2.6	6
海洋船舶工业	108.4	11.6	4	174.4	6.7	4	10.0	4
海洋交通运输业	120.0	12.9	3	522.4	20.0	3	34.2	2
海洋旅游文化业	276.7	29.7	2	1268.7	48.4	2	35.6	1

二、辽宁海洋旅游文化产业成为支柱性产业的指标分析

国内外有关支柱性产业标准的研究有很多，梳理国内外权威文献，这里选取认同率较高的三个指标，一是产业比重大，增加值占GDP比重5%以上，产值占GDP的8%以上；二是需求收入弹性高，弹性大于1；三是就业容量大，就业弹性大于1。作为辽宁海洋旅游文化产业成为支柱性产业的主要依据，从海洋旅游文化产业产值、旅游需求弹性、旅游就业容量三个方面来分析辽宁海洋旅游文化产业成为支柱性产业的可能性。

1. 产值占GDP的比重分析

通过2001~2010年辽宁省GDP和海洋旅游文化产业产值计算获得表4–6数据。从表4–6中可以看出，辽宁海洋旅游文化产业产值逐年增加，但增长率却有所下降，原因与科技落后、产品更新缓慢等有关。海洋旅游文化产业产值占辽宁省GDP的比重由3.2%增长到6.8%，虽然增长率上升了，但从支柱性产业产值占GDP比重8%的标准角度分析，辽宁海洋旅游文化产业成为支柱性产业还有一定距离。

表4–6　2001~2010年辽宁省GDP和海洋旅游文化产业产值

年份	产值/亿元	增长率/%	辽宁省GDP/亿元	占GDP比重/%
2001	160.2		5033.1	3.2
2002	213.3	33.1	5458.2	4.0
2003	209.1	−1.9	6002.5	3.5
2004	276.7	32.3	6672.0	4.1
2005	346.3	25.1	8047.3	4.3
2006	439.1	26.8	9304.5	4.7
2007	586.7	33.6	11164.3	5.3
2008	795.1	35.5	13668.6	5.8

2009	1048.9	32.0	15212.5	6.9
2010	1268.7	20.9	18547.3	6.8

2. 需求收入弹性分析

需求收入弹性是指某一产业产品的需求增加率与人均国民收入增加率之比，需求收入弹性大于 1，说明随着收入的增加，需求增长快于收入增长。显然，随着人均国民收入的增长，选择需求收入弹性高的产业作为支柱性产业，符合市场法则，有助于产业结构演进。通过公式计算获得表 4-7 数据，可以看出近年来辽宁海洋旅游需求收入弹性均大于 1，意味着市场机会大，与其他产业相比，在同等收入增幅情况下，国民用于辽宁海洋旅游消费的支出较多。因此，辽宁海洋旅游文化产业开发空间大，发展潜力大，对国民经济贡献大，从需求收入弹性角度分析，可以选择海洋旅游文化产业作为辽宁省的支柱性产业。

表 4-7　辽宁海洋旅游需求收入弹性

年份	海洋旅游文化产业		全国人均 GDP		需求收入弹性
	产值 / 亿元	增长率 /%	产值 / 亿元	增长率 /%	
2005	346.3		14185		
2006	439.1	26.8	16500	16.3	1.6
2007	586.7	33.6	20169	22.2	1.5
2008	795.1	35.5	23708	17.5	2.0
2009	1048.9	31.9	25608	8.0	4.0
2010	1268.7	21.0	29992	17.1	1.2

3. 就业容量分析

衡量就业容量大小的指标一般用就业弹性，就业弹性指在其他因素不变的情况下，经济每增加一单位所引起的就业增长比率，就业弹性大于 1，说明经济增长所带来的就业容量大，选择就业弹性大的产业作为支柱性产业能带来更多就业机会，最终促进经济增长。

通过公式计算获得表 4–8 数据，显示出辽宁海洋旅游文化产业就业人数逐年增加，但就业弹性均小于 1，这意味着虽然辽宁海洋旅游文化产业产值增加了，但是海洋旅游文化产业从业人数的增长率低于产值增长比率。从支柱性产业就业指标分析，辽宁海洋旅游文化产业与支柱性产业还有一定差距。

表 4–8　辽宁海洋旅游文化产业就业容量

年份	海洋旅游文化产业就业人数		海洋旅游文化产业产值		就业弹性
	人数 / 万人	增长 /%	产值 / 亿元	增长率 /%	
2005	9.6		346.3		
2006	10.0	60.0	439.1	26.8	0.2
2007	10.9	68.6	586.7	33.6	0.2
2008	11.2	20.4	795.1	35.5	0.1
2009	11.3	16.0	1048.9	31.9	0.1
2010	11.6	24.5	1268.7	20.9	0.1

三、辽宁海洋旅游文化产业成为支柱性产业的策略

上述表明，辽宁海洋旅游文化产业发展成为支柱性产业存在极大的可能性。丰富的海洋旅游文化产业资源蕴藏着巨大的发展潜能；各项指标逼近支柱性产业标准。只要构建符合客观规律的发展模式，制定切实可行的策略，就会促进海洋旅游文化产业快速成为辽宁支柱性产业，并带动其他海洋文化产业成为支柱性产业。基于辽宁海洋旅游文化产业的现实情况和未来发展需要，提出以政府引导为鹰头、人才培养为鹰眼、科技应用为鹰喙、创新发展为鹰爪、特色经济和规模产业为鹰翼的"鹰式"发展模式，并创造物质环境和生态环境，为其保驾护航。

1. 鹰头——政府引领

波特“钻石理论模型”指出，政府政策对产业竞争力的影响不能漠视。辽宁省政府要对海洋旅游文化产业的发展加大支持力度，完善财政、税收、投资、金融、工商管理、知识产权等一系列产业政策，比如在海洋历史文化和海洋民俗文化旅游开发上，加大投资力度，对旅游开发单位或部门减免税收；政府要对海洋旅游文化资源开发、整合与规划给予科学的指导，例如，可以把海洋旅游文化进行功能分区，分为海洋观光旅游区、休闲渔业和海洋民俗体验旅游区、温泉康复疗养度假旅游区、海洋生态和历史文化参观旅游区等，最终形成一系列长期稳定的海洋旅游文化产业政策与制度。

2. 鹰眼——盯住人才

实践证明，日趋激烈的人才竞争成为夺取海洋旅游文化产业未来制高点的决策因素，辽宁省要重视引进优秀人才、培养潜力能人，对现有海洋旅游文化产业从业人员进行不定期培训和考核。此外，优化人才管理制度，完善分配激励机制，在待遇上拉开档次，给予缺少或特殊人才更高的待遇；在高校开设海洋旅游文化产业相关的专业，形成产、供、销、学、研一体化的发展模式。

3. 鹰喙——咬紧科技

海洋旅游文化产业作为新兴产业，具有高技术、高智能的特点，基于此，应大力提升海洋旅游文化产业的科技含量，加快海洋旅游文化产业数字化、信息化和网络化的建设，把现代科学技术运用到辽宁海洋旅游文化产业中。运用科技传媒手段为辽宁省独具特色的海洋旅游文化做宣传；在观赏性海洋旅游的基础上，增加参与性海洋旅游项目，如海洋潜水、海上驾驶等，使辽宁海洋旅游文化产业由三低——低文化附加值、低技术和低服务水平向三高——高文化附加值、高技术和高服务水平发展。

4. 鹰爪——抓住创新

文化产业是最需要创新的产业，解放经营思想、创新经营方法、革新经营手段，积极探索适合辽宁海洋旅游文化产业发展的商业模式。辽宁海洋旅游文化企业应从自身实际情况出发，适时调整营销策略，采用零售与团购相结合的方式推销海洋旅游文化产品，加强与山东、上海、天津等沿海城市的联系，统一销售海洋旅游产品。此外，在3个旅游中心、6个旅游带的基础上，创建特色的旅游线路，使游客在最短时间、最大范围内，最尽兴地享用海洋旅游产品与服务。

5. 鹰翼——彰显特色和规模

根据6市的特色海洋旅游文化资源，发展特色经济，如发展大连沙滩浴场旅游、葫芦岛休闲疗养旅游、盘锦红海滩观赏旅游、丹东鸭绿江特色项目旅游等。整合资源，实现海洋旅游文化产业的规模化、集群化，建成以丹东为中心的国际海洋民俗旅游文化产业群、以大连为中心的水下海洋休闲旅游文化产业群、以锦州葫芦岛为中心的水上海洋历史遗迹旅游文化产业群。

6. 两个环境——物质环境和生态环境

为了确保辽宁海洋旅游文化产业“鹰式”发展模式的平稳前行，需要创造两个环境：一是赖以生存的物质环境；二是长久发展的生态环境。针对海洋旅游文化企业存在“融资难”的情况，应设立辽宁省海洋旅游文化产业发展专项资金，主要用于海洋智能文化、海洋历史文化、海洋生态文化旅游的开发和发展，建立起由社会企业、外资、政府等广泛参与的多元投资机制，尤其加强与地方银行的合作，使其参与到产业开发中来。健康的海洋生态环境是海洋旅游文化产业实现全面协调可持续发展的重要基础，推进海洋旅游文化资源开发与生态保护相结合，坚持生态优先原则，重点开发生态旅游线路，如大连蛇岛—老铁山—盘锦苇海鹤乡、红海滩等生态旅游；建立完善的海洋环境监测体系和重大污染应急处理机制，保证海洋环境质量，从而实现海洋旅游文化产业与海洋生态环境的有机融合。

第三节 辽宁如何建设海洋特色文化产业群

一、辽宁沿海特色文化产业群建设思路

辽宁沿海地区可待开发的海洋文化资源潜力巨大。如何发掘利用优势资源，使沿海发展较发达地区保持平稳发展，较落后地区缩小与较发达地区间的差距，是必须思考和解决的问题。一组在地理上靠近的相互联系的公司和关联的机构，它们同处或相关于一个特定的产业领域，由于具有共性和互补性而联系在一起。迈克尔·波特关于产业集群的定义为我们的思考带来启示，为解决这一问题理清了思路，通过结构合理的沿海文化产业集群的建设，可极大地节约生产成本，聚敛人才，拓宽企业的信息来源途径，树立品牌形象，从而提升区域整体实力，实现区域经济协同发展。

1. 发挥产业优势，建设海洋休闲旅游文化产业群

海洋休闲旅游业是目前辽宁沿海地区支柱文化产业。大连是辽宁省沿海旅游文化产业发展较发达地区，其旅游业发展不仅充分利用了丰富的海洋资源，还发挥了城市发展的优势，使滨海自然资源与城市人文资源相结合。2016 年全市旅游业实现稳步发展，旅游经济指标持续增长，实现旅游总收入 1135 亿元，同比增长 12.5%；游客总数 7738 万人次，同比增长 11.74%。旅游业愈发成为经济增长“助推器”和经济结构调整“转换器”。全力以赴促发展，多向发力增

加旅游有效供给。全年旅游项目开复工56个，完成投资140.12亿元。多管齐下激发乡村旅游、海岛旅游、温泉旅游、邮轮旅游、自驾车旅游、包机旅游、中医健康旅游等消费。推行大连入境旅游市场接待量化考核和奖励办法，促进入境旅游消费，入境过夜海外游客105万人次，同比增长6.56%，是“十二五”以来增长幅度最大的一年。始发邮轮26航次，同比增长300%，接靠邮轮1艘次，开展旅游包机百余架次。营口西部海滨先后开发建成了月牙湾、仙人岛、西海、北海和白沙湾等浴场，其中白沙湾和仙人岛沙滩是国内少有的黄金海岸，现已形成环境优美的度假疗养胜地。丹东大鹿岛是黄海北端我国最大的岛屿，是优良的海滨旅游资源，而作为中国最大的边境城市，边江旅游是丹东的特色，鸭绿江江滨仍是其今后旅游开发的重点。锦州拥有独特的地形、地貌，从近海海域笔架山海岛到医巫闾山风景区及黑山龙湾水库、莲花湖等构成了海域、海岛、海滨和山水森林兼有的旅游区域。葫芦岛历史人文景观众多，其将人文资源与滨海旅游资源相结合，具有一定的吸引力。盘锦长期以来一直被视作石油城市，其沿海地位被边缘化，近年来旅游业逐渐受到重视，着力开发湿地资源，并将湿地旅游定位为盘锦的重点特色旅游项目。今后，辽宁沿海6市应紧紧围绕合作理念，突出自身海洋旅游资源特色，逐步形成以大连为中心，盘锦、营口、锦州、丹东、葫芦岛为两翼的海洋休闲旅游文化产业群发展模式配合“五点一线”经济发展战略的实施。

2. 发挥区位优势，建设涉海文博会展文化产业群

滨海地区的区位决定了其发展文化会展业具有得天独厚的优势，便利的交通，开放的条件，宜人的海滨环境，吸引了国内外参展商到此活动、参展。目前，文博会展业越来越受到辽宁沿海6市的重视，尤其是大连会展业发展业绩尤为突出。2016年，大连市不断推进特色品牌展会发展，加强以展促会，充分发挥会展业对大连生产和消

费的促进作用。全市会展业发展继续向好，呈现出展会规模化发展、国际参与度提高等亮点。一是规模化趋势增强。2016 年，大连市共举办展会 106 个，比 2015 年增加 20 个，展览面积 126.9 万平方米，比 2015 年增长 7.5%。与“十二五”初期的 2011 年相比，2016 年全市平均展览面积是 1.2 万平方米，是 2011 年的 1.2 倍；设立展位 3.9 万个、参展企业 2.3 万家、参展商 12 万人次、参观人数 950 万人次，分别是 2011 年的 1.3 倍、1.1 倍、1.3 倍和 1.5 倍。二是国际化程度提高。2016 年，全市境外参展展位 0.4 万个，占 9.3%，比 2011 年提高 1.6 个百分点；境外参展企业 0.2 万家，占 9.1%，提高 1.4 个百分点，其中境外参展商 0.9 万人次，占 7.5%，与 2011 年持平；境外参观人数 6.5 万人次，占 0.7%，提高 0.2 个百分点。三是全国影响力突出。2016 年底，在“第十三届中国会展行业年会（2016）中国会展产业颁奖盛典”上，大连市再次荣获“2016 年度中国十大会展名城”奖项，大连服装纺织品博览会、大连国际汽车展览会、大连轻工商品博览会荣获“2016 年度中国十佳品牌展览会”的奖项，大连星海会展中心、大连世界博览广场以及大连国际会议中心等也均荣获相关荣誉。大连还有以海洋文化为主题的沙滩文化节和国际钓鱼节等节庆活动，对外都小有声望。丹东以边境城市吸引人们的眼球，如丹东鸭绿江国际旅游节，但影响力较有限，文博文化潜力资源仍有待开发。锦州文博会展业发展突出人文特点，重点培育了两大会展活动，中国古玩艺术品博览会和中国北方文博信息和产品交易会。文博会展业的开展为区域经济提供了展示的平台，一方面提高了举办城市的影响力和知名度；另一方面也带动了区域内一系列相关产业如旅游、交通、餐饮、住宿、广告、通信及商业等的发展。未来，辽宁沿海城市可根据自身优势产业开展相配套的文博会展，如大连根据自身的旅游优势而创设的东亚旅游展。注重展会种类多样性，在沿海带形成种类齐全的会展产业群，使其既满足沿海城市的发展需要，又为内陆腹地城市经济提供展示的平台。

3. 突出地方特色，建设海洋饮食文化产业群

海洋饮食业是沿海地区重要的特色文化产业，辽宁广阔的暖温带海域蕴藏着丰富独特的海产品资源，辽河口和鸭绿江口是贝类主要集中分布区，辽东半岛南部和辽西的兴城、绥中一带海域为海珍品分布区。丹东的文蛤、大连的海参、葫芦岛的对虾、营口的海蜇等特色海鲜为辽宁沿海地区海洋食品业提供了基础。辽宁省海洋饮食文化产业以獐子岛渔业为代表。獐子岛商标在国内水产品中率先成为“中国驰名商标”，并在美国、欧盟、澳大利亚、新西兰和中国台湾等30个国家和地区注册。2006年成功上市，2008年实现营业收入10.07亿元，成为名副其实的“獐子岛——海洋食品第一企”。营口海产品丰富，以鲅鱼最为著名，其次是对虾、海蟹和海蜇等。海产品年产量3万余吨，其中海蜇产量近万吨，居全国之首。同时又发展了近海人工水产养殖，已成为北方地区重要的海产品生产基地。大力开发辽宁特色海产品，构建海洋饮食文化产业群，是提升辽宁沿海带与其他沿海地区竞争力的有效途径。

4. 立足服务区域，建设涉海传媒文化产业群

滨海地区自身具有天然的发展优势，而要开发其潜力，进行强有力的宣传是十分必要的，涉海传媒业就起到了这样的助力作用。辽宁沿海6市目前传媒业发展均已具备一定基础，今后应大力推进传媒资源整合，建设理念先进的传媒文化产业群，打破辽宁沿海6市割据的局面，通过资源的有效配置，优化内部组织结构，形成具有沿海地区特色的传媒集团。一方面借助沿海地区对外开放优势，借鉴、吸收先进的经营管理理念和国际化的开放思维，废除较落后的管理模式与欠合理的组织结构，促进产业的发展；另一方面在实现资源共享的过程中，强化精品意识，加大策划、制作和营销等方面的创新力度，树立品位高、影响大的传媒品牌，不仅为沿海6市

服务，更要立足于辽宁区域整体服务的目标。

二、建设辽宁海洋特色文化产业群的对策

辽宁海洋特色文化产业群的建设对未来辽宁区域经济的发展具有深远的影响，不仅可带动沿海6市经济的协同发展，更可有效牵引内陆腹地城市经济联动，以迎合开放型经济时代的到来。为此，对辽宁沿海特色文化产业群的建设提出切实可行的对策就显得尤为重要。

1. 形成区域联动机制，促进地区整体经济联系

（1）沿海带状区域城—城互动

辽宁沿海“五点一线”经济带发展规划战略地位的提升，标志着辽宁沿海6市未来将以有机整体的形式向前发展。沿海6市均受海洋自然环境影响，文化特点相近，文化产业类型也较相似，可采取城—城互动的发展模式。海洋环境特点决定了沿海地区适宜发展滨海旅游业、滨海文博会展业、海洋饮食业和涉海传媒业等特色海洋文化产业。辽宁沿海6市通过既强调经济紧密联系，又提倡突出自身特色，彼此间“求同存异”，加强城际间沟通互动，相互学习借鉴，建成辽宁沿海海洋特色文化产业群，从而带动沿海地区经济整体发展。

（2）海陆整体区域城—城互补

内陆与沿海自然条件差异明显，形成了截然不同的陆地文化和海洋文化，文化产业类型也存在较大差异，可通过海陆间产业互补，实现经济发展联动。辽宁内陆腹地地区较之沿海地区缺少对外联系的便捷区位优势，除了省会沈阳，因其在全省政治、文化的重要地位，以及东北交通枢纽的有利条件，使其经济发展水平居全省前列以外，其他内陆城市发展均较滞后。长期以来，内陆经济多以第一、二产业为主，并表现为内向型特点。辽宁省是一个海陆兼备的省份，

辽宁沿海6市经济总产值近年已占到辽宁省14市总产值的一半以上，明显地展现出了沿海地区的经济发展潜力，这为腹地外向型经济转型提供了一定的基础。内陆城市一方面可根据自身条件选择对口沿海城市，通过不断完善沟通渠道，实现对外联系距离最小化，及时获取发展现代产业的信息和技术；另一方面在发展现代文化产业的同时，需继续发挥老工业基地的特色，强调传统型工业向现代服务型工业转型，为沿海地区文化产业的发展牢固基础，成为沿海带发展的强有力后盾。沿海地区则通过建设文化产业集聚带，做好对辽宁整体形象的树立与宣传，为内陆地区的对外联系提供必要的支持，为辽宁区域经济对外开放“装点门面”。沿海与内陆之间通过产业互补可有效地促进城市之间的经济联系，带动区域经济的整体发展。

2. 发掘辽宁沿海6市文化共性，打造整体品牌形象

继珠江三角洲、长江三角洲两大中国沿海强势经济区后，环渤海经济区即将成为沿海地区经济发展第3极。而环渤海地区山东半岛、京津地区以及辽东半岛三部分各自在经济、文化、政策上都存在着一定的差异，区域经济整合具有一定难度。顺应实际，现阶段3地区各自发展的特点仍较明显。辽东半岛沿海地区借鉴珠江三角洲及长江三角洲的发展经验，以争取成为中国沿海经济下一个增长极为目标，打造特色突出的品牌形象十分重要。辽东半岛是我国海岸线的最北端，暖温带气候决定了其海洋环境区别于珠三角、长三角地区。类型齐全的海岸类型，四季分明的海滨气候，独特的海珍产品，造就了辽东半岛别样的滨海环境。将整合辽东半岛沿海带与众不同的文化特质作为品牌树立的切入点，通过发掘辽宁沿海文化共性确立品牌形象，借助会展业的对外展示和传媒业的宣传，对外展现出浩大的辽宁海洋特色整体形象，可极大地增强与其他沿海地区同产业的竞争力。

3. 整合经济开发项目，推动地区共同发展

区域项目的建立是增强区域内经济联系的最有效途径，各城市可根据自身优势，在项目中承担一定的分工，从而实现经济共赢。区域共同项目对欠发达地区经济的发展具有更为重要的意义。辽宁省沿海地区文化产业发展唯有大连已收获一定成效，其他5市基本处于起步阶段，文化资源开发利用程度较粗浅。今后辽宁省应根据自身特点创设可涵盖辽宁沿海地带乃至全省的区域性项目，同时借助文博会展业的展示宣传作用以及沿海地区对外联系的便捷条件，多渠道地吸纳相关项目及创意。通过项目联系促进沿海文化产业群的建立，一方面使欠发达地区通过参与项目实践获得学习机会，推动经济进步，为未来的发展积累了宝贵的经验；另一方面也使发达地区分出部分项目实施步骤给其他地区，使自身更好地发挥优势长项。

4. 完善区域基础设施，保障资源信息传递顺畅

推进辽宁沿海地区海洋文化产业一体化进程，保证辽宁沿海6市间联系顺畅，使得信息与资源沟通交流无障碍是十分必要的。辽宁省是我国交通网络较发达省份，尤其是其沿海6市，拥有发展多种交通方式的区位优势。未来辽宁沿海6市交通设施建设要向海、陆、空三维立体全方位的方向发展，力争城市间通达时间、距离最小化，从而确保沿海地区对外整体形象工程建设的实现。信息高速公路是现代化最主要的信息沟通手段，构建沿海地区文化产业群，及时的信息传递十分重要。目前，辽宁省只有沈阳、大连信息化建设已见成效，沿海经济带在整体信息技术应用水平仍落后于实际需求，政府今后应加大这方面的建设投入，提高沿海地区的信息化水平，为辽宁沿海特色文化产业集群的构建提供必要的保障。

5. 定位政府职能，活跃沿海带文化产业发展氛围

2009年7月1日，国务院原则性通过《辽宁沿海经济带发展规划》，

使辽宁沿海"五点一线"发展战略由地方性战略提升为国家战略，其地位的提升使得政府有必要发挥其职能，对地区经济的发展进行整体性指导，但同时应强调政府的职能范围。沿海地区与内陆地区相比拥有更为开放活跃的区位发展环境，这是沿海地区发展现代文化产业的优势，市场经济的灵活性可以使这一优势得到更好的体现。因此，今后辽宁在构建沿海文化产业集群的过程当中，应强调政府职能以指导方向，强化规划，协调关系，制定政策为主，给文化产业的发展营造更为宽松的市场环境，使其充分体现海洋文化的开放性、包容性，构建具有强烈时代感和极富活力的现代海洋文化产业集群。

三、加强辽宁海洋文化的对外传播

1. 传播海洋文化、提高海洋意识的意义

海洋文化的传播目的归根结底是为了提高全民的海洋意识。海洋意识是人类对海洋战略价值和作用的反映和认识。中国是一个海洋陆地兼备，我们除了960万平方千米的陆地面积，还有18000千米的大陆岸线、14000千米的岛屿岸线，6500多个500平方米以上的岛屿和300万平方千米的主张管辖海域。从中国历史经济发展来看，中国经济文化的发展都主要依托陆地，海洋经济的对外发展稍显薄弱。中国经济要有新的发展点，必须从海洋入手，重视海洋经济，立足海洋、放眼全球。随着我国参与经济全球化和区域经济一体化的程度不断加深，海洋在国家的战略地位日显突出，不仅在经济上，在国土安全和国家地位上的作用都不容小觑。管理好、开发好、维护好海洋区域是一方面工作，同时还要走向大洋、关注两极，积极主动参与世界上公海的一些维权活动，参与海洋生态环境的维护，海洋资源的利用开发，积极倡导符合我国国情的海洋强国意识，推动海洋可持续发展。在新世纪的大好局面下，各个涉海高校和部门要响应国家号召，加强海洋领域的研究，推动海洋文化的发展，促进海洋经济的繁荣，推动和提高全民的海洋文化意识，参与统筹海洋的开发和利用。此外，还要推动海洋强国意识、海洋可持续利用意识、海洋权益和安全意识等方面的全民意识。共建“一带一路”致力于亚欧非大陆及附近海洋的互联互通，建立和加强沿线各国互联互通的伙伴关系，构建全方位、多层次、复合型的互联互通网络，实现沿线各国多元、自主、平衡、可持续的发展。“一带一路”的互联互通项目将推动沿线各国发展战略的对接与耦合，发掘区域内市场的潜力，促进投资和消费，创造需求和就业，增进沿线各国人民的人文交流与文明互鉴，让各国人民相逢相知、互信互敬，共享和谐、安宁、富裕的生活。海洋意识是海洋文化的核心要素，提高海洋意识首先要繁荣海洋文化。在我国的历史长河中，我们创造了繁荣的陆地文化，同时也有不少的海洋文化壮举。先秦时代，就有“兴渔盐之利、行舟楫之便”；唐宋时期“海上丝绸之路”逐渐形成，将贸易范围扩大到中国南海和印度洋周边；明代，郑和七下西洋，最远到达非洲东海岸。此外，精卫填海、八仙过海等传说更是离不开海洋为背景。新中国成立后，特别是改革开放以来，海洋文化的建设越来越受到重视，不断取得新的成绩。20世纪90年代初，我国有了比较系统的海洋文化研究，对海洋文化的基本理论也开始进行了较多的探讨。中国海洋大学、上海海洋大学、大连海洋大学等涉海类高等学校都建立了海洋文化、海洋经济等涉海方面的研究机构。这些研究机构的研究人员都具有丰富的海洋文化知识，具备海洋文化研究的专业背景，研究领域涉及海洋方面的各行各业。沿海城市的经济不断发展，诸如大连、青岛、厦门这些沿海城市越来越多地将海洋文化发展作为城市发展的一个方面，大型涉海会展活动、海洋文化节等活动日渐丰富。与此同时，许多沿海地区的区县的海洋文化活动也轰轰烈烈地展开，并把开拓和营造海洋文化氛围作为区域经济发展的重要手段。虽然我国的海洋文化产业和海洋文化研究取得了一些成绩，但是由于历史原因我国涉海相关研究还是起步较晚，并由于多方面原因在一定程度上影响了海洋文化的建设和发展。从而造成的结果是推动大众的海洋意识提高方面做得还不够，海洋文化远没有被大众广泛地关注。但随着"一带一路"的提出以及各种涉海科研院所的繁荣，我国海洋文化发展和海洋意识的提高将展现美好的未来。辽宁海洋文化的对外传播综合系统已具备一定的影响力，但需要逐渐构筑起国际传播现代构架。对外传播活动存在着传播渠道单一、缺乏体系、传播内容碎片化、对外传播活动的零散性、对外传播地域建设的匮乏、对外传播活动的意义模糊等现象，影响了对外传播的效果。在对外传播中要加强对外合作，构架对外宣传海洋文化的桥梁。吸引国内外企业家前来投资建港，才能使海港产业文化为辽宁带来无限的商机。辽宁海洋文化的对外传播研究中有助于加强海洋资源可持续发展的观念，避免对海洋资源掠夺式开发的现象，保持海洋生物的多样性，降低物种灭绝的危险。俄罗斯、日本、韩国等周边国家的海洋科学研究比较先进，如何多与这些国家进行技术方面的交流有助于进一步推动辽宁海洋科学技术的发展。

2. 辽宁省海洋文化传播现状

（1）资源开发不足

作为东北地区经济发展的中心，辽宁省位于渤海和黄海的交界处，14个地级市中有6个城市位于沿海。近几年，在辽宁省"海上辽宁"和"辽宁沿海经济带"发展战略下，在大力发展文化事业的机遇下，辽宁省的海洋文化事业得到了长足的发展。发展海洋文化产业的必备条件之一就是要有丰富的海洋文化资源，它是最能体现一个国家或地区海洋产业发展优劣的因素。然而现阶段辽宁省海洋文化的对外传播中仍存在着资源开发利用不足的问题，大多停留在文化展示、滨海旅游观光和会展节庆等表演层面，对于海洋文化的内涵和精髓的挖掘，以及推广海洋文化走向世界等方面还显得缺少深层次和创新性的开发思路和方式，从而造成了海洋文化对外传播的局限性和海洋文化资源的浪费。

（2）传播渠道狭窄

新媒体时代，信息传播的渠道日渐多元化，微博、微信等社会化媒体的盛行和移动客户端的开发普及，丰富了人们获取各类新鲜资讯的便捷渠道。但现今辽宁省海洋文化对外传播仍然主要依靠报纸、广播、电视等传统媒体，而相关的网站、微博、微信账号数量稀少。在网站方面只有东北新闻网和大连天健网作为辽宁省两家新闻网站对相关海洋文化活动进行了报道，但是深层次挖掘相关海洋文化知识方面做得也十分有限。东北新闻网有其手机版，大连天健网有其微博账号。在辽宁省政府公布的政府微信公众号中也没有用来对外传播海洋文化的专用号码。总体来说，辽宁省海洋文化的传播渠道狭窄、传播内容有限，严重制约了辽宁省海洋文化的对外传播效率，难以实现更好的传播效果。

（3）报道内容和形式单一

辽宁省主流媒体关于辽宁省海洋文化的报道主要是关于海洋文化历史、节日庆典或会展项目的报道，但报道的角度宣传受众面不大，群众参与度也有一定的局限性，没有激发出全民的热情。宣传主体主要是电视和报纸，新媒体参与度较低。

（4）传播人才缺失

高素质的文化传播人才是海洋文化传播过程的关键因素。就目前来看，尚缺乏既懂海洋文化知识又通晓传播理论的人才资源。造成这种局面主要有两个方面：第一，文化传播人才、文化产业人才和新媒体技术人才流动性较大，比较成熟的人才较难引进；第二，海洋文化方面的人才不了解传播学理论，缺乏新媒体技术的支持。

（5）传播内容单一

辽宁省目前的海洋文化活动，主要集中在几个大的展会活动。而这样的活动参与的群体有限，媒体的报道也流于形式。在海洋文化活动的多样性上，国家海洋局宣教中心已经联合有关单位共同开展了丰富多彩的活动。这对辽宁省海洋文化的发展是一个很好的借鉴，有利于海洋文化的普及，以及对年轻人的吸引。

3. 辽宁省海洋文化传播策略

（1）改变传统的文化传播模式

当前辽宁省海洋文化的传播主要还是以政府为主导的模式。这种模式的好处是可以保证传播受众面，但是在传播主题上有一定的局限性，难以实现传播的多方面协同效果。而随着科技的发展，传播途径、传播观念和传播技术的更新，也给政府主导模式提出了新的挑战。因而在辽宁海洋的文化传播方面可以吸纳更多的社会团体、协会以及企业的加入，借助这些团体的灵活性和多元性的优势，拓宽传播渠道和传播主题，从而使辽宁海洋文化得到多角度、多方位的宣传。

（2）借助新媒体渠道

当今时代，谁的传播手段先进、传播能力强大，谁的文化理念和价值观念就能广为流传，谁的文化产品就更有影响力。在新媒体的繁荣局面下，应充分利用新媒体，拓展传播渠道，丰富传播手段，提升海洋文化的传播能力。以传播面较广的微博、微信、网站为平台，创建辽宁省海洋文化传播的专门账号，并加以推广。特别是在举办大型展会期间，充分发挥新媒体的作用，通过与受众进行广泛的交流和沟通来了解其兴趣和需求，从而增加传播的针对性和有效性，加深受众对海洋文化的认知和了解，扩大海洋文化在各个领域的影响力，增进世界对辽宁省海洋文化的了解，积极推动辽宁省海洋文化走向世界。

（3）实施品牌传播战略

辽宁省海洋文化的传播，应以突显当地特色为本。品牌化战略可以建立在各种与受众沟通的环节上，形式可以为展会上的企业以及品牌的宣传推介，也可以是讨论社会热点话题，还可以是受众的活动现场亲身体验。重点在于品牌的传播和认识，在于利用品牌把文化输送到受众意识里的过程。辽宁省海洋文化可以以展会为依托，建立企业的品牌文化意识，大力进行品牌宣传，从而扩大海洋文化品牌的影响力。

（4）培养海洋文化传播专门人才

辽宁省是海洋大省，濒临黄海、渤海，是东北地区唯一沿海省份，有 150 多家如辽宁海洋渔业集团、大连远洋渔业有限公司等具有国际贸易关系的涉海、涉渔知名企业，它们是我省海洋经济发展的重要支柱，这些企业需要大量涉海领域的高级翻译人才来提升企业竞争力。因此，涉海高级翻译人才的培养是我省海洋经济发展的重要保障。全国沿海开放地区中，辽宁省尚无开设涉海翻译专业硕士点的高等学校，涉海高级翻译人才缺口较大。大连海洋大学、大连海事大学的翻译硕士点的设立将为解决这一问题提供良好的平台。而且文化传播人才、文化产业人才和新媒体技术人才也应是未来海洋文化人才培养的一个重点。只有有了人才基础，辽宁省海洋文化才能朝着更广阔的领域前进。

在海洋文化发展的同时，海洋文化的传播力度却略显薄弱。当今时代，传播力决定影响力，谁的传播手段先进、传播能力强大，谁的文化理念和价值观念就能广为流传，谁的文化产品就更有影响力。大众传媒是社会公众获取信息的主要来源。根据最新的互联网研究调查，在全球网络用户按语言划分中，英语用户占第一位为 27%，因此海洋文化对外传播受众的广度和范围都是不可估量的。因而应充分利用媒体特别是新兴媒体，拓展传播渠道，丰富传播手段，提升海洋文化的传播能力，从而拓宽我省经济发展渠道，推进经济发展机遇。

第四节　海洋文化与大连海洋旅游开发

旅游文化是人类过去和现在所创造的与旅游有关的物质财富和精神财富的总和，凡在旅游活动过程中能使旅游者舒适、愉悦、受到教育，能使旅游服务者提高文化素质和技能的物质财富和精神财富，都属于旅游文化的范畴。大连旅游文化发展取得了显著的成绩。1999 年大连市推出“浪漫之都”的旅游形象定位，2003 年大连注册了“浪漫之都”旅游文化品牌，并在国家工商总局注册了 42 个系列的相关产品，开创了国际旅游业先河。世界旅游组织专家评估，其价值约 1000 亿元，并将成为大连在未来国际旅游市场竞争中重要的无形资产。2007 年大连市提出了“风情海岸”旅游休闲概念，形成了以滨海休闲为主体，温泉滑雪、乡村体验、节庆活动等多种旅游休闲业态蓬勃发展的新格局，为打造旅游休闲的国际名片打下了良好基础。大连创造性地开发了夏季“3S”【阳光（sun）、海水（sea）、沙滩（sand）】和冬季“3S”【温泉（spring）、运动（sport）、购物（shopping）】系列旅游产品，以海文化为背景，开发海滨风光、海岛休闲、海洋生物和科普、海洋娱乐、海上运动、大连海鲜、山林休闲、温泉旅游、节庆活动、婚庆主题、体育健身、历史文化、工农业旅游等系列旅游文化产品，这些产品体系使大连旅游文化品质得到了进一步提升。大连赏槐会、国际服装节、国际啤酒节、国际沙滩文化节、东亚国际旅游博览会、夏季达沃斯等节庆活动已成为国际交流的重要平台。

一、研究综述

一些学者对大连海洋旅游文化进行了研究，他们从海洋文化、旅游文化、休闲渔业文化等方面进行了论述，取得了丰硕的成果。海洋文化方面，赵一平等认为：大连海洋文化所具有的“三开四味”特点，预示着海洋文化旅游资源开发的应有价值，以及海洋文化内涵丰富的海洋旅游将成为大连新世纪旅游的热点。王雪莲等认为：以海洋文化为灵魂，深度挖掘海洋资源，不断丰富产品文化内涵是大连发展海洋旅游的生命线；突出浓郁的地域特色，推出多元化海洋旅游活动，树立多品牌海洋主题形象是大连海洋旅游发展的重点。张淑香等认为：科学构建特色海洋旅游文化，让文明发达的“值得向世界推荐的城市——浪漫之都”大连，在推进全域城市化新发展、新跨越的同时，辐射辽宁、引领全国乃至东北亚海洋旅游文化群的发展。张韶华等认为：大连要全面推进海洋的开发，加快发展海洋经济，从战略高度重视和发展以海洋文化为主题的城市品牌，努力提高海洋文化的层次，带动海洋文化产业的发展，实现海洋与人类社会的和谐发展。生态旅游文化方面，谢春山认为：若在传统的海滨风光旅游项目之外，将海岛的自然风光和丰美的渔业资源结合起来，开发、创意出一些自然、原始、参与性强的专项旅游项目，这种极具吸引力的休闲娱乐式的旅游方式，既突出了大海的特色，又符合“生态旅游”的潮流，应是大连形成海洋文化游的一个方向。纪国明认为：大连蕴含着丰富的生态旅游资源，可以形成“大连市区—旅顺口风景区—老铁山自然保护区—金石滩国家旅游度假区—庄河冰峪沟省级旅游度假区—南部海滨风景区—仙人洞自然保护区—长海县风景区—金龙寺森林公园—安波温泉”等生态旅游热点和黄金路线，并以旅游区为节点，构建旅游资源区域体系。休闲渔业文化方面，宋玮等认为：大连的休闲渔业开发应注意挖掘渔家民俗文化、海洋渔业文化等内涵，组成形式多样的休闲渔业产品。从文化旅游的终极关怀角度和文化旅游兴趣的转换角度实现休闲渔业产品的有效连接，从而构筑大连休闲渔业产品体系。

二、大连市海洋旅游文化发展的现状及存在的问题

1. 大连市海洋旅游文化发展现状

（1）海滨自然景观文化

大连东濒浩瀚的黄海，西临一望无垠的渤海，南与山东半岛隔海相望，北倚东北三省及内蒙古东部广阔的腹地。大连海岸线全长1906千米，占辽宁省海岸线总长度的73%，是全国海岸线最长的城市。

①海水浴场。大连海域面积2.3万平方米，海水资源丰富，宜建海水浴场的岸线111.7千米。目前有星海公园、老虎滩、大小付家庄、棒槌岛、金石滩、黄金山、仙浴湾等60余个海水浴场，海滩宽阔平缓，海水清澈洁净，自然条件好，具有很大的发展潜力。大连海域分布有黄渤海分界线自然奇观。大连老铁山前的岬角是观看黄、渤两海分界的好地方，此处与山东蓬莱登洲头隔海相望，黄海和渤海在这里交汇，蓝色黄海和黄色的渤海水泾渭分明，形成一道清晰的界线，天然地划分出两个海域。

②海岸地貌。大连沿海一带的海蚀地貌发育十分典型，各种海蚀平台、海蚀桥、海蚀洞、海蚀崖等地貌形成了大量的奇异的礁石风光。其中最为著名的是金州区大李家镇朱家屯一带，长达10千米的海岸形态各异的灰色礁石构成凝固的动物园奇观；金州区黄海沿岸的金石滩，这里有我国罕见而完整的震旦纪、寒武纪的地质地貌和沉积岩石，丰富多彩的生物化石。连绵20千米的海岸线浓缩了古生代距今3亿~6亿年的地质演化史，形成了一个天然的地质博物

馆；滨海路景区的西北部有被著名地质学家李四光发现的“莲花山”的地质构造奇观。

③自然保护区。大连市现有各级自然保护区12个，其中国家级自然保护区4个，包括辽宁蛇岛老铁山国家级自然保护区，保护对象为蛇岛蝮蛇、铁山候鸟，保护区面积为14595公顷；大连城山头海滨地貌国家级自然保护区，保护对象为海滨喀斯特地貌，保护区面积1350公顷；辽宁仙人洞国家级自然保护区，保护对象为赤松—柞树原生系统等，保护区面积3575公顷；大连斑海豹国家级自然保护区，保护对象为斑海豹，保护区面积672275公顷。省级自然保护区1个。大连长海海洋珍贵生物自然保护区，保护对象为刺参、皱纹盘鲍等海珍品及温带岩礁生物群落，保护区面积220公顷。市级自然保护区7个，分别为大连小黑山水源涵养生态功能自然保护区、大连金石滩海滨地貌自然保护区、大连三山岛海珍品资源增养殖自然保护区、大连老偏岛——玉皇顶海洋景观自然保护区、大连海王九岛海洋景观自然保护区、大连长山列岛珍贵海洋生物自然保护区、大连石城乡黑脸琵鹭自然保护区。自然保护区总面积为718929公顷，其中陆域面积为31076公顷，海域面积为687853公顷。

（2）近代海洋战争历史文化

中日甲午战争和日俄战争等近代战争遗迹是大连重要的文化景观。大鹿岛至黑岛南海域发生的中日甲午海战，民族英雄林永升在黑岛南海老人石附近壮烈殉国，此处现已被设为“爱国主义教育基地”。庄河花园口是甲午战争时日军侵占旅顺的第一登陆点。旅顺口区是我国日俄战争遗迹最集中地区：东鸡冠山北堡垒、日俄监狱旧址、电岩炮台、白玉山、军港公园、旅顺博物馆、苏军烈士陵园等珍贵的历史遗址等，被称为“半部中国近代史”见证的历史文化景观，已成为进行爱国主义教育的好场所。

（3）海洋主题公园文化

主题公园作为旅游资源的重要补充和现代旅游中的重要类型之一，正以其独特的内涵和新颖的形式吸引着越来越多的游客。大连目前有老虎滩海洋公园和圣亚海洋世界 2 个海洋主题公园，是展示海洋文化，突出滨城特色，集观光、娱乐、科普、购物、文化于一体的现代化海洋主题公园。老虎滩海洋公园是中国首个现代化海洋主题公园，拥有亚洲最大的珊瑚馆以及世界规模最大、展示极地海洋动物最多的海洋动物馆，全国最大的半自然状态的鸟语林，全国最大的花岗岩群虎雕塑，全国最长的大型跨海空中索道，大连南部海域最大的旅游观光船，四维影院等，是首批由国家旅游局评定的 5A 级景区。圣亚海洋世界是大连圣亚旅游控股股份有限公司在大连本地成功建设并运营的旅游景区，该景区包括圣亚海洋世界、圣亚极地世界和圣亚珊瑚世界 3 个场馆，当年以拥有中国第一座海底通道闻名全国，如今已变身为让人感受惊奇、体验浪漫的情景式海洋主题乐园，以丰富多彩、独具特色的海洋动物表演见长，是首批由国家旅游局评定的 4A 级景区。

（4）涉海工业文化

大连涉海工业基础雄厚，海洋产业的发展也形成了一定的文化旅游资源。大连港始建于 1899 年，地处西北太平洋的中枢，是东亚经济圈和东北亚国际航运中心，是该区域进入太平洋，面向世界的海上门户。大连港拥有悠久的历史、秀丽的海上风光和丰富的现代港口设施，成为具有特色的工业旅游资源。近年来，大连结合自身特点，打造出受国内外游客欢迎的大连造船厂旅游系列产品。结合大连港东部地区搬迁改造，把有近百年历史的港务局办公楼、红色灯塔等代表性建筑景观纳入港口工业旅游的范畴，把曾接待过国内外诸多知名人士的“大连号”豪华游船也投入港口工业旅游营运中，从而提升这个城市港口工业旅游的档次、丰富港口工业旅游产品的内容，形成独具大连特色的港口工业旅游文化。

（5）海洋民俗节庆文化

海洋文化是大连旅游资源最重要的特征，挖掘海洋文化资源能充分发挥大连各大节庆活动的特色。大连的民俗节庆文化围绕海洋做足文章，很好地将服装文化、体育文化、海滨文化、生态文化、民俗文化、会展活动巧妙地融合在一起。大连的海洋民俗节庆丰富多彩，具有地方特色，如国际钓鱼节、冬泳节、沙滩文化节、长海马祖旅游文化节、长海渔家风情节、北海渔民节、龙塘海灯节等。节庆文化是大连概念文化“浪漫之都”得以体现的有效途径，是大连旅游文化品牌的特色部分。

2. 大连海洋旅游文化发展中存在的问题

大连有着丰富的历史、军事、商业、经济和科技的海洋文化底蕴，但挖掘开发不够，具有大连城市特色海洋文化旅游产品不突出。与大连丰富的自然资源相比较，拥有众多文化形态的大连，文化资源的开发明显落后于自然资源的景观化进程，文化品牌的影响力也没有得到较好提升，与建设东北亚滨海旅游名城的目标还存在差距。

三、大连市海洋旅游文化发展对策

1. 突出旅游特色，深挖文化内涵

海洋旅游文化的开发既要突出地方文化特色，结合当地的人文景观和民风民俗创造出独特的旅游产品，满足旅游者的猎奇心理，提高区域旅游的竞争力，又要充分利用多种社会资源，通过优化配置、重新组合形成新的市场卖点。大连海洋旅游开发应注意挖掘渔家民俗文化、海洋渔业文化、海洋军事文化等内涵，组成形式多样的海洋文化旅游产品体系。同时，加强对高品位、高质量特色旅游项目的创意与营造，增强吸引力，使游客在旅游过程中得到多方位的陶冶，从而使大连海洋旅游业达到一个新层次。

2. 整合旅游资源

海是大连最原始的文化符号，是大连一切浪漫元素的基础。大连海洋旅游资源比较丰富，景区景点众多，节庆也较多。整合推出海滨风光、海岛休闲、海上运动、渔家风情等海洋旅游文化系列线路，要注重挖掘其文化内涵，使游客能够充分感受到大连海滨极致的浪漫风情。同时，要解决好大连海洋旅游的淡季问题。在旺季要注意丰富夜间海洋旅游活动，加大宣传力度，开拓海洋旅游市场，以思想观念的转变带动工作思路的创新，引领东北乃至环黄渤海旅游新时尚，有效推进“风情海岸”品牌建设。

3. 加大人才培养力度

充足的人力资源可以为海洋经济提供强大的智力支持，可以对海洋旅游文化进行深入研究。大连市在引进海洋旅游与海洋经济科技人才的同时，可以通过“产学研”相结合的方式培养海洋经济人才，对现有海洋旅游从业人员进行培训，提升从业人员的业务素质和服务水平。加大海洋科技投入，增强海洋经济创新能力，运用高新技术手段，建立和完善滨海旅游信息系统、海洋旅游文化信息系统，建立为旅游者提供信息服务的旅游信息咨询系统。

4. 加强历史文化的挖掘和现代文化的培育

旅游发展到一定阶段，文化魅力将成为新推动力。海洋文化通过辐射效应与渗透效应，可以提升大连旅游资源的品位，增强旅游的精神文化内涵，赋予旅游产品差异性和丰富多彩的表现形式。一是要突出历史文化的开发。大连有古代城（堡）遗址、民间艺术和节庆习俗，以及俄日异域文化、近代战争遗址等，把这些厚重的历史文化元素融入日常生活，融入现代城市建设，融入现代舞台或影视表演，展现品牌历史文化的现代意义，展现大连强大的海洋旅游文化魅力。二是要注重现代文化元素的培育和开发，把时代元素植入现代旅游。在挖掘历史文化元素的同时，也要结合现代旅游发展的潮流，培育和开发时尚的旅游文化元素。比如，海洋极地馆、圣亚海洋世界、世界和平公园、蛇博物馆、金石滩等的建成，为大连营造出浓烈的海洋文化氛围。在以后旅游项目的开发中，要打造以滨海休闲度假、邮轮旅游、沿海主题游船旅游、游艇旅游、帆船旅游、海岛旅游等为重点，充分演绎蓝色浪漫、动感阳光、惬意休闲的主题。

参考文献

[1] 南宇 . 西北丝绸之路五省区跨区域旅游合作开发战略研究 [M]. 北京：科学出版社，2012：27.

[2] 陆大道 . "一带一路" 符合大多数国家和人民的利益 [N]. 科技日报，2015-04-19.

[3] 郑中义，张俊桢，董文峰 . 我国海上战略通道数量及分布 [J]. 中国航海 .2012，35（2）：55-59.

[4] 张开城，张国玲，等 . 广东海洋文化产业 [M]. 北京：海洋出版社，2009.

[5] 苏勇军 . 浙江海洋文化产业发展研究 [M]. 北京：海洋出版社，2011.4.

[6]FAO. 世界渔业和水产养殖回顾 [R]. 罗马：联合国粮农组织，2014.

[7] 王泽 . 国家海洋局：全球海水养殖产品 80% 出自中国 [EB/OL].http：//news.xinhuanet.com/fortune/2013-05/08/c_115689176.htm.2015/10/23.

[8] 李思屈．海洋文化产业 [M]．杭州：浙江大学出版社，2015.

[9] 吴小玲．广西海洋文化资源的类型、特点及开发利用 [J]．广

西师范大学学报（哲学社会科学版），2013（1）.

[10] 陈艳红 . 发展海洋文化的关键在于海洋意识教育 [J]. 航海教育研究，2010（4）：12–15.

[11] 刘健 . 浅谈我国海洋生态文明建设基本问题 [J]. 中国海洋大学学报（社会科学版），2014（2）：29–32.

[12] 叶冬娜 . 海洋生态文化观的哲学解读 [J]. 淮海工学院学报（人文社会科学版），2014，12（3）：26–30.

[13] 张开城，徐质斌. 海洋文化与海洋文化产业研究 [M]. 北京：海洋出版社，2008.

[14] 李长义，苗丰民. 辽宁海洋功能区划 [M]. 北京：海洋出版社，2006.

[15] 张英. 基于 SWOT 分析的宁波海洋文化产业发展研究 [J]. 海洋文化，2011（4）：11–15.

[16] 曲丽梅，李晶 . 辽宁滨海旅游资源区划与开发对策研究 [J]. 海洋科学，2004，28（11）：71.

[17] 林宪生，李新妮，陈树永 . 基于区域合作理念对辽宁省滨海文化产业一体化建设的研究 [J]. 海洋开发与管理，2009，26（5）：108.

[18] 王雪莲，吴忠军，赵耀. 大连海洋旅游开发研究 [J]. 哈尔滨商业大学学报（社会科学版），2007（5）：109–116.

[19] 张淑香，林志伟. 关于科学构建大连特色海洋旅游文化的思考 [J]. 大连海事大学学报（社会科学版），2010（5）：88–90.

[20] 张韶华，林宪生. 大连海洋文化产业的发展策略 [J]. 经济研究导刊，2011（21）：133–135.